Lars Lüers

Keiminduzierte Fibrillogenese des humanen Prion-Proteins

Lars Lüers

Keiminduzierte Fibrillogenese des humanen Prion-Proteins

Biophysikalische Charakterisierung der Fibrillogenese des humanen Prion-Proteins zur Untersuchung der Speziesbarriere

Südwestdeutscher Verlag für Hochschulschriften

Impressum / Imprint

Bibliografische Information der Deutschen Nationalbibliothek: Die Deutsche Nationalbibliothek verzeichnet diese Publikation in der Deutschen Nationalbibliografie; detaillierte bibliografische Daten sind im Internet über http://dnb.d-nb.de abrufbar.

Alle in diesem Buch genannten Marken und Produktnamen unterliegen warenzeichen-, marken- oder patentrechtlichem Schutz bzw. sind Warenzeichen oder eingetragene Warenzeichen der jeweiligen Inhaber. Die Wiedergabe von Marken, Produktnamen, Gebrauchsnamen, Handelsnamen, Warenbezeichnungen u.s.w. in diesem Werk berechtigt auch ohne besondere Kennzeichnung nicht zu der Annahme, dass solche Namen im Sinne der Warenzeichen- und Markenschutzgesetzgebung als frei zu betrachten wären und daher von jedermann benutzt werden dürften.

Bibliographic information published by the Deutsche Nationalbibliothek: The Deutsche Nationalbibliothek lists this publication in the Deutsche Nationalbibliografie; detailed bibliographic data are available in the Internet at http://dnb.d-nb.de.

Any brand names and product names mentioned in this book are subject to trademark, brand or patent protection and are trademarks or registered trademarks of their respective holders. The use of brand names, product names, common names, trade names, product descriptions etc. even without a particular marking in this works is in no way to be construed to mean that such names may be regarded as unrestricted in respect of trademark and brand protection legislation and could thus be used by anyone.

Coverbild / Cover image: www.ingimage.com

Verlag / Publisher:
Südwestdeutscher Verlag für Hochschulschriften
ist ein Imprint der / is a trademark of
AV Akademikerverlag GmbH & Co. KG
Heinrich-Böcking-Str. 6-8, 66121 Saarbrücken, Deutschland / Germany
Email: info@svh-verlag.de

Herstellung: siehe letzte Seite /
Printed at: see last page
ISBN: 978-3-8381-3390-4

Zugl. / Approved by: Düsseldorf, Heinrich-Heine Universität, Dissertation, 2013

Copyright © 2013 AV Akademikerverlag GmbH & Co. KG
Alle Rechte vorbehalten. / All rights reserved. Saarbrücken 2013

Einleitung

Inhaltsverzeichnis

INHALTSVERZEICHNIS	1
ABBILDUNGSVERZEICHNIS	6
TABELLENVERZEICHNIS	8
ABKÜRZUNGSVERZEICHNIS	9
1 EINLEITUNG	**1**
1.1 Neurodegenerative Erkrankungen	1
1.2 Proteinfehlfaltungserkrankungen	1
1.2.1 Proteinfaltung	2
1.2.2 Proteinfehlfaltung	3
1.2.3 Amyloide Proteinaggregate	4
1.3 Prionkrankheiten	6
1.3.1 Scrapie	8
1.3.2 Bovine Spongiforme Enzephalopathie	11
1.3.3 Chronische Aufzehrungskrankheit	14
1.3.4 Creutzfeldt-Jakob-Krankheit	15
1.3.5 Weitere Prionkrankheiten des Menschen	19
1.3.5.1 Kuru	19
1.3.5.2 Tödliche Familiäre Schlaflosigkeit	21
1.3.5.3 Gerstmann-Sträussler-Scheinker Syndrom	22
1.4 Übertragbarkeit von Prionkrankheiten und Speziesbarriere	23
1.5 Das Prion-Protein	27
1.5.1 Die Prionhypothese	27
1.5.2 Nomenklatur	29
1.5.3 PrP^C – die zelluläre Form des Prion-Proteins	30
1.5.4 PrP^{Sc} – die pathogen-assoziierte Form des Prion-Proteins	31
1.5.5 Physiologische Funktion des Prion-Proteins	33
1.5.6 Replikationsmodelle des Prion-Proteins	34
1.6 *In vitro* Konversionssysteme des Prion-Proteins	36
1.6.1 Guanidinium-Urea-System	37

1.6.2	Protein-Misfolding-Cyclic-Amplification	38
1.6.3	Quaking-Induced-Conversion-Assay	39
1.6.4	SDS-basiertes *in vitro* Konversionssystem	39

1.7 Fragestellung — 43

2 MATERIAL UND METHODEN — 45

2.1 Verwendete Einheiten — 45

2.2 Verwendete Proteine — 45

2.3 Gelelektrophorese, Färbe- und weitere Nachweismethoden von Proteinen — 46
   2.3.1 Verwendete Chemikalien, Puffer und Lösungen — 46
   2.3.2 Denaturierende Polyacrylamid-Gelelektrophorese — 47
   2.3.3 Nachweis von Proteinen mittels Färbung mit Coomassie-Brillant-Blau — 47
   2.3.4 Western-Blot und Immunologischer Proteinnachweis — 48
      2.3.4.1 Semi-Dry Western Blot — 48
      2.3.4.2 Immunologischer Proteinnachweis — 48

2.4 Klonierung — 50
   2.4.1 Verwendete Chemikalien, Puffer und Lösungen — 50
   2.4.2 Präparation der DNA-Sequenzen — 51

2.5 Expression in *E. coli* — 52

2.6 Aufschluss der *E. coli*-Zellen und Präparation der „inclusion bodies" — 53

2.7 Chromatographische Reinigung — 53
   2.7.1 Verwendete Chemikalien, Puffer und Lösungen — 54
   2.7.2 Immobilisierte-Metallionen-Affinitäts-Chromatographie — 54
   2.7.3 Reduktion und Oxidation der Disulfidbrücke — 56
   2.7.4 Enzymatische Abtrennung des Polyhistidin-Tags — 56
   2.7.5 reversed phase high performance liquid chromatography — 57

2.8 Lyophilisierung des recPrP — 57

2.9 Rückfaltung des recPrP — 58
   2.9.1 Verwendete Chemikalien, Puffer und Lösungen — 58
   2.9.2 Rückfaltung des recPrP — 58

2.10 Konzentrations- und Reinheitsbestimmung der recPrP-Lösung — 58
   2.10.1 Verwendete Chemikalien, Puffer und Lösungen — 58
      2.10.1.1 Konzentrationsbestimmung einer Proteinlösung durch Absorptionsspektroskopie — 59

Einleitung

2.10.1.2	Konzentrationsbestimmung einer Proteinlösung durch BCA-Test	59
2.11	**Massenspektrometrische Analyse des recPrP**	**60**
2.12	**Circular-Dichroismus Spektroskopie**	**61**
2.13	**Analytische Ultrazentrifugation**	**63**
2.14	**Nachweis amyloider Fibrillen durch Thioflavin T**	**65**
2.15	**Spontane Fibrillogenese des recPrP**	**67**
2.16	**Analyse von huPrP-Fibrillen durch „total internal reflection fluorescence"-Mikroskopie**	**68**
2.17	**Analyse von huPrP-Fibrillen durch Transmissionselektronen-mikroskopie**	**69**
2.18	**Keiminduzierte Fibrillogenese des recPrP**	**71**
2.18.1	Keiminduzierte Fibrillogenese unter Verwendung von Keimen aus recPrP-Fibrillen	71
2.18.2	Keiminduzierte Fibrillogenese unter Verwendung von Prion-Keimen	72
2.18.3	Herstellung von Hirnhomogenaten	72
2.18.4	Phosphorwolframsäure-Fällung	74
2.18.5	Durchführung der keiminduzierten Fibrillogenese unter Verwendung von Prion-Keimen	74
2.18.6	Berechnung der Keim-Aktivität	75
2.18.7	Statistische Auswertung der keiminduzierten Fibrillogenese	75

3 ERGEBNISSE 77

3.1	**Klonierung**	**78**
3.2	*Expression des recPrP in E. coli*	*80*
3.3	*Präparation und Reinigung des recPrP*	*81*
3.3.1	Präparation der „inclusion bodies"	82
3.3.2	Chromatographische Reinigung des recPrP	82
3.3.2.1	Immobilisierte-Metallionen-Affinitäts-Chromatographie	82
3.3.2.2	Reduktion und Oxidation der Disulfidbrücke des recPrP	84
3.3.2.3	Enzymatische Behandlung des recPrP durch die Protease FXa zwecks Abtrennung des Polyhistidin-Tags	85
3.3.2.4	„reversed phase high performance liquid chromatography"	86
3.3.3	Konzentrations- und Reinheitsbestimmung des gereinigten recPrP	87
3.3.4	Analyse der Proteinsequenz des huPrP	89
3.4	**Charakterisierung des prä-amyloiden Zustands des recPrP**	**92**
3.4.1	Sekundärstrukturanalyse des recPrP	92

3.4.2	Bestimmung des Oligomerisierungsgrades des huPrP	95

3.5 Charakterisierung der spontanen Fibrillogenese des recPrP — 97

3.5.1	Einfluss der SDS-Konzentration auf die spontane Fibrillogenese des huPrP	98
3.5.2	Einfluss des M129V-Polymorphismus auf die spontane Fibrillogenese	99
3.5.3	Totalreflexionsmikroskopische Aufnahmen von rekombinanten huPrP-Fibrillen	100
3.5.4	Elektronenmikroskopische Aufnahmen von huPrP-Fibrillen	102

3.6 Charakterisierung der keiminduzierten Fibrillogenese — 103

3.6.1	Einfluss von Keimen aus recPrP-Fibrillen in Abhängigkeit der Sequenzvariante entsprechend des M129V-Polymorphismus	104
3.6.2	Einfluss von aus Hirngewebe präparierten Keimen	106
3.6.2.1	Überprüfung der Fällungseffizienz der PTA-Fällung	106
3.6.3	Einfluss von CJD-Keimen auf die Fibrillogenese des huPrP	108
3.6.4	Einfluss von BSE-Keimen auf die Fibrillogenese des huPrP	110
3.6.5	Einfluss von Scrapie-Keimen auf die Fibrillogenese des huPrP	112
3.6.6	Einfluss von CWD-Keimen auf die Fibrillogenese des huPrP	113
3.6.7	Auswertung der untersuchten Kombinationen der intra- und interspezifischen keiminduzierten *in vitro* Konversion des huPrP	116

4 DISKUSSION — 119

4.1 Klonierung, Expression und Reinigung des recPrP — 120

4.2 Die spontane Fibrillogenese des huPrP — 121

4.2.1	Der prä-amyloide Zustands der recPrP	121
4.2.2	Einfluss der SDS-Konzentration auf die spontane Fibrillogenese	122
4.2.3	Einfluss des M129V-Polymorphismus auf die spontane Fibrillogenese	123
4.2.4	Struktur der spontan erzeugten huPrP-Fibrillen	125

4.3 Die keiminduzierte Fibrillogenese des huPrP — 125

4.3.1	Einfluss von huPrP-Fibrillen auf die Fibrillogenese des huPrP	126
4.3.2	Einfluss von Prion-Keimen auf die Fibrillogenese des huPrP im Vergleich zur *in vivo* gezeigten Übertragbarkeit von Prionkrankheiten	128
4.3.3	Molekularer Mechanismus der Speziesbarriere	132

4.4 Ausblick — 135

5 ZUSAMMENFASSUNG — 136

6 SUMMARY — 138

7 LITERATURVERZEICHNIS **140**

Abbildungsverzeichnis

Abbildung 1 – Faltungstrichter der Proteinfaltung 3
Abbildung 2 – Mögliche Faltungszustände von Proteinen 4
Abbildung 3 – Verschiedene Strukturmotive amyloider Fibrillen 5
Abbildung 4 – Spongiforme Veränderungen des Hirngewebes bei Prionkrankheiten 7
Abbildung 5 – Ein an Scrapie erkranktes Schaf 10
Abbildung 6 – Ein an BSE erkranktes Rind 13
Abbildung 7 – Ein an CWD erkrankter Hirsch 14
Abbildung 8 – Fallzahlen von BSE- und vCJD-Fällen in Großbritannien 16
Abbildung 9 – Ureinwohner Papua-Neuguineas 20
Abbildung 10 – Die Speziesbarriere nach dem „Conformational Selection Model" 26
Abbildung 11 – Schematische Darstellung von PrP^C 31
Abbildung 12 – Strukturmodelle von PrP^{Sc} 33
Abbildung 13 – Modell der keiminduzierten Polymerisation 35
Abbildung 14 – Aggregationskinetik der spontanen und keiminduzierten Aggregation 36
Abbildung 15 – Schematische Darstellung des SDS-Systems unter Verwendung von shaPrP 40
Abbildung 16 – Durchführung einer Coomassie-Färbung von PAA-Gelen 47
Abbildung 17 – Durchführung der Blot-Prozedur 48
Abbildung 18 – Durchführung des immunologischen Proteinnachweises 49
Abbildung 19 – "inclusion body"-Präparation 53
Abbildung 20 – Durchführung der IMAC zur Reinigung des recPrP mit Polyhistidin-Tag 55
Abbildung 21 – Durchführung der enzymatische Abtrennung des Polyhistidin-Tags 56
Abbildung 22 – Typische CD-Spektren von bekannten Sekundärstrukturen 62
Abbildung 23 – Amyloidspezifischer Fluoreszenzfarbstoff Thioflavin T 66
Abbildung 24 – Probenvorbereitung für die Transmissionselektronenmikroskopie 71
Abbildung 25 – Durchführung der Homogenisierung von Hirngewebe 73
Abbildung 26 – Durchführung der PTA-Fällung 74
Abbildung 27 – Agarosegel der restriktionsendonukleatischen Behandlung des pMK-Vektors 78
Abbildung 28 – Übersicht der recPrP-Konstrukte 80
Abbildung 29 – Expressionskontrolle des huPrP 129M und 129V per Coomassie-gefärbtem PAA-Gel von *E. coli* Zelllysaten 81
Abbildung 30 – Reinigung des huPrP 129M mit „inclusion bodies"-Solubilisat aus *E.coli*-Zellen mittels IMAC - SDS-PAGE der gesammelten Fraktionen 84
Abbildung 31 – Coomassie-gefärbtes PAA-Gel und Western-Blot einer Zeitreihe der enzymatischen Behandlung des huPrP 129M durch die Protease FXa 86
Abbildung 32 – Chromatogramm eines rp-HPLC-Laufs mit huPrP 129M 87
Abbildung 33 – Coomassie-gefärbtes PAA-Gel und Western-Blot mit Verdünnungsreihe des huPrP zur Abschätzung der Reinheit 89
Abbildung 34 – Massenspektrometrische Analyse des huPrP 129M 91

Einleitung

Abbildung 35 – CD-Spektren der huPrP-Varianten 129M und 129V sowie von cerPrP in Abhängigkeit zu der SDS-Konzentration.. 94

Abbildung 36 – Ergebnisse des Sedimentationsgeschwindigkeits-Experiments des huPrP 129M 97

Abbildung 37 – Aggregationskinetiken der spontane Fibrillogenese der huPrP-Varianten 129M und 129V in Abhängigkeit von der SDS-Konzentration.. 99

Abbildung 38 – Vergleich der spontanen Fibrillogenese entsprechend des M129V-Polymorphismus 100

Abbildung 39 – Fluoreszenzmikroskopische Abbildungen von ThT-gefärbten huPrP-Aggregaten.................. 101

Abbildung 40 – Transmissionselektronenmikroskopische Aufnahmen von huPrP-Fibrillen........................... 103

Abbildung 41 – Keiminduzierte Fibrillogenese von huPrP unter Verwendung von huPrP-Fibrillen als Keime 105

Abbildung 42 – Überprüfung der Fällungsspezifität der PTA-Fällung.. 108

Abbildung 43 – Einfluss von CJD-Keimen und CJD-negativen Keime auf die Fibrillogenese von huPrP 129M 110

Abbildung 44 – Einfluss von BSE-Keimen und BSE-negativen Keimen auf die Fibrillogenese von huPrP 129M 111

Abbildung 45 – Einfluss von Scrapie-Keimen und Scrapie-negativen Keimen auf die Fibrillogenese von huPrP 129M.. 113

Abbildung 46 – Spontane und keiminduzierte Fibrillogenese des cerPrP 114

Abbildung 47 – Einfluss von CWD-Keimen und CWD-negativen Keimen auf die Fibrillogenese von huPrP 129M.. 115

Abbildung 48 – Keim-Aktivität der untersuchten Prion-Keime in huPrP 117

Abbildung 49 – Übertragbarkeit von tierischen Prionkrankheiten auf den Menschen – Vergleich der Ergebnisse aus *in vivo* Studien zu den in dieser Arbeit gezeigten *in vitro* Untersuchungen 132

Tabellenverzeichnis

Tabelle 1 – Prionkrankheiten in Tieren und Menschen.. 8

Tabelle 2 – Verteilung der Genotypen des Codon 129 des *PRNP*-Gens innerhalb der Gesamtbevölkerung der USA und Europas im Vergleich zu sCJD- und vCJD-Fällen. 18

Tabelle 3 – Vergleich der biochemischen Eigenschaften von PrP^C und PrP^{Sc}....................................... 32

Tabelle 4 – SDS-Konzentration bei der sich der prä-amyloiden Zustand des recPrP verschiedener Spezies ausbildet.. 41

Tabelle 5 – Übersicht der verwendeten nicht dem SI-System entsprechenden Einheiten 45

Tabelle 6 – Innerhalb dieser Arbeit verwendete recPrP 45

Tabelle 7 – Innerhalb dieser Arbeit verwendete Antikörper für den immunologische Proteinnachweis ... 49

Tabelle 8 – Messparameter einer CD-Messung 62

Tabelle 9 – Messparameter der Sedimentationsgeschwindigkeits-Experimente 65

Tabelle 10 – Messparameter des ThT-Assays... 68

Tabelle 11 – Herkunft der innerhalb dieser Arbeit verwendeten Hirngewebe....................................... 73

Tabelle 12 – Ergebnisse der AUZ-Analyse der huPrP-Varianten 129M und 129V 96

Tabelle 13 – Statistische Auswertung der Keim-Aktivität.. 118

Einleitung

Abkürzungsverzeichnis

Abkürzung	Bedeutung	Abkürzung	Bedeutung
(v/v)	„volume per volume"; Volumenprozent	NaP_i	Natriumphosphat
(w/v)	„weight per volume"; Gewichtsprozent	Ni-NTA	Nickel-Nitriloessigsäure
AD	„Alzheimer's disease"; Alzheimer Krankheit	NMR	„nuclear magnetic resonance"; Kernspinresonanz
AS	Aminosäure	OD	optische Dichte
αSyn	alpha-Synuclein	PAA	Polyacrylamid
AUZ	analytische Ultrazentrifugation	PBS	„phosphate buffered saline"; phosphatgepufferte Salzlösung
Aβ	Abeta-Peptid	PD	„Parkinson's disease"; Parkinson
BSE	Bovine Spongiforme Encephalopathie	PK	Proteinase K
CD	Circular-Dichroismus	PMCA	„protein misfolding cyclic amplification"
cerPrP	cervides Prion-Protein	PRNP	Gen des Prion-Proteins
CHO	„chinese hamster ovary"; Zelllinie aus Ovarien des chin. Hamsters	PrP	Prion Protein
CJD	„Creutzfeldt-Jakob disease"; Creutzfeldt-Jakob Krankheit	PTA	„phosphotungstic acid"; Phosphorwolframsäure
CSF	„cerebrospinal fluid"; *Liquor cerebrospinalis*	PVDF	Polyvinylidenfluorid
CWD	„chronic wasting disease"; chronische Aufzehrungskrankheit	QUIC	„quaking-induced conversion"
EEG	Elektroenzephalogramm	recPrP	„recombinant prion protein"; rekombinantes PrP
EM	Elektronenmikroskopie	RMSD	„root mean square deviation"; Mittlere quadratische Verschiebung
fCJD	familiäre Creutzfeldt-Jakob Krankheit	ROS	„reactive oxygen species"; reaktive Sauerstoffspezies
GABA	γ-Aminobuttersäure	rp-HPLC	„reversed phase high performance liquid chromatography"
GALT	„gut associated lymphoid tissue"; darmassoziierte lymphatische Gewebe	rpm	*„revolutions per minute"*; Umdrehungen pro Minute
GdmCl	Guanidiniumchlorid	RT	Raumtemperatur
GPI-Anker	Glycosylphosphatidylinositol-Anker	sCJD	sporadische Creutzfeldt-Jakob Krankheit
H_2O_{deion}	deionisiertes Wasser	SDS	„sodium dodecyl sulfate"; Natriumdodecylsulfat
huPrP	humanes Prion-Protein	SDS-PAGE	SDS-Gelelektrophorese
iCJD	iatrogene Creutzfeldt-Jakob Krankheit	SHa	„syrian hamster"; Goldhamster
IMAC	immobilisierte-Metallionen-Affinitätschromatographie	SOD	Superoxid-Dismutase
IPTG	Isopropyl-β-D-thiogalactopyranosid	TBST	„Tris buffered saline Tween"; Tris-gepufferte Salzlösung mit Tween 20
LB-Medium	„lysogeny broth"; Nährmedium	TEM	Transmissions-Elektronenmikroskopie
M129V	bekannter Polymorphismus des PRNP-Gens	ThT	Thioflavin T
MBM	„meat and bone meal"; Knochenmehl	TME	transmissible Mink Encephalopathie
MRW	„mean residue weight"; durchschnittliches Gewicht pro AS	vCJD	variante Creutzfeldt-Jakob Krankheit
MTP	Mikrotiterplatte	VPSPr	„variably protease-sensitive prionopathy"
NaCl	Natriumchlorid	ZNS	Zentralnervensystem
NaOH	Natriumhydroxid		

1 Einleitung

1.1 Neurodegenerative Erkrankungen

Neurodegenerative Erkrankungen bilden eine Gruppe von Krankheiten deren Hauptmerkmal die meist langsam fortschreitende irreversible Schädigung von neuronalem Gewebe ist, was letztendlich zum Tod des Erkrankten führt. Neurodegenerative Erkrankungen können spontan oder genetisch bedingt ausgelöst werden, ihre Symptomatik umfasst eine Vielzahl an neurologischen Beschwerden. Mit Fortschreiten der Krankheit entwickelt sich meist eine starke Demenz, bei einigen neurodegenerativen Erkrankungen lassen sich auch Bewegungsstörungen diagnostizieren. Zu den neurodegenerativen Erkrankungen des Menschen zählen unter andern die Alzheimer-Krankheit (AD), die Parkinson-Krankheit (PD) und die Creutzfeldt-Jakob-Krankheit (CJD). Bei allen drei angeführten Krankheiten lassen sich im zentralen Nervensystem der Betroffenen Ablagerungen eines fehlgefalteten körpereigenen Proteins nachweisen. Im Fall von AD handelt es sich um das β-Amyloid (Aβ), bei PD sind Ablagerungen von α-Synuclein (αSyn) zu finden und bei CJD lässt sich das fehlgefaltete Prion-Protein (PrP) nachweisen (Ross *et al.* 2004; Soto *et al.* 2008).

1.2 Proteinfehlfaltungserkrankungen

Der Begriff Proteinfehlfaltungserkrankungen grenzt die Gruppe der neurodegenerativen Erkrankungen insofern ein, dass hier als essentielles Merkmal der Krankheit die fehlerhafte Faltung von körpereigenen Proteinen angeführt wird. Viele der bekannten Proteinfehlfaltungserkrankungen können in zwei Untergruppen eingeteilt werden (Winklhofer *et al.* 2008). Bei der einen führt die Fehlfaltung selbst oder der dadurch ausgelöste Abbau des Proteins zu einem Verlust der physiologischen Funktion des Proteins („loss-of-function"), wodurch eine Krankheit ausgelöst werden kann. Die andere Gruppe umfasst die Krankheiten, bei denen fehlgefaltete Proteine oder deren höhergeordnete

Aggregationsformen zytotoxisch wirken („gain-of-toxic") und so zu einer Fehlfaltungserkrankung führen. Bei der zweiten Gruppe werden häufig Ablagerungen der fehlgefalteten Proteine im Gewebe, so genannte „Plaques", gefunden. Zu dieser Gruppe zählen auch die Alzheimer-, Parkinson- und Creutzfeldt-Jakob-Krankheit (Chiti *et al.* 2006).

1.2.1 Proteinfaltung

Die native dreidimensionale Faltung eines Proteins wird maßgeblich durch die Abfolge seiner Aminosäuren bestimmt und beeinflusst damit auch die Funktion des Proteins (Anfinsen 1972). Der Weg von einer ungeordneten Aminosäureketten zu einem funktionalen Protein kann thermodynamisch durch das Durchlaufen einer Energielandschaft dargestellt werden (Abbildung 1), wobei am Ende die native Konformation erreicht wird, die meist der thermodynamisch stabilsten Konformation entspricht (Cabrita *et al.* 2010). Die große Zahl der möglichen Konformationen auf dem Weg von einer ungeordneten Aminosäurekette zu der nativen dreidimensionalen Struktur steht im Gegensatz zu der kurzen Zeit, die ein Protein *in vivo* benötigt um diese zu erreichen. Dies ist im Levinthal-Paradox veranschaulicht, in dem postuliert wird, dass die Faltungsdauer mit steigender Länge der Aminosäurekette exponentiell wachsen müsse. Somit würde ein Protein von 150 Aminosäuren $\sim 10^{24}$ Jahre benötigen, um seine native Struktur einzunehmen.
Heute ist bekannt, dass sich das am Ribosom entstehende Protein zunächst in einzelne Subdomänen faltet. Nur ein kleiner Teil aller möglichen Proteinstrukturen muss durchlaufen werden, um zur nativen Struktur zu gelangen (Wolynes *et al.* 1995). Des Weiteren stehen in der Zelle Chaperone als Faltungshelfer zur Verfügung, ohne die einige Proteinen ihre native Faltung nicht erreichen würden (Dill *et al.* 1997). Auch das „molten globule" wird als Zwischenzustand zwischen denaturiertem und nativ gefaltetem Protein beschrieben. Dieser Intermediärzustand, der bei einigen Proteinen nachgewiesen

wurde, besitzt schon die Sekundärstrukturelemente des nativen Proteins, weist aber eine variable Tertiärstruktur auf (Ohgushi et al. 1983).

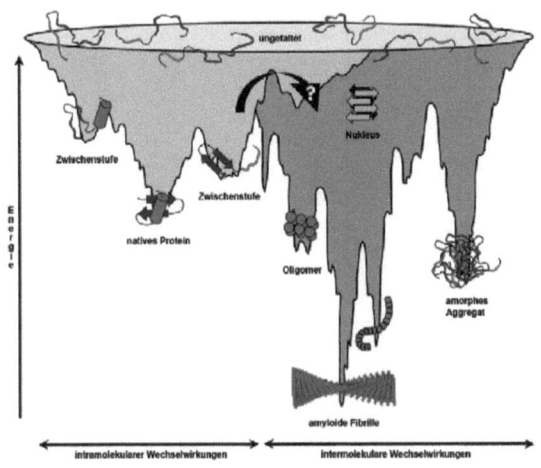

Abbildung 1 – Faltungstrichter der Proteinfaltung
Schematische Darstellung der Energielandschaft der Proteinfaltung. Schematisch sind verschiedene Faltungszustände in Bezug auf die freie Energie dargestellt. Durch intramolekulare Wechselwirkungen bilden sich entlang des Faltungstrichters Zwischenstufen aus. Das nativ gefaltete Protein befindet sich am tiefsten Punkt des Faltungstrichters. Intermolekulare Wechselwirkungen können zur Ausbildung von Oligomeren, amorphen Aggregaten oder amyloiden Fibrillen führen. Abbildung verändert nach (Jahn et al. 2005)

1.2.2 Proteinfehlfaltung

Proteine, die nicht ihre native Konformation einnehmen, können als fehlgefaltete Proteine bezeichnet werden. Fehlgefaltete Proteine können entweder ungeordnet bzw. „amorph" aggregieren oder über Zwischenstufen hoch geordnete Aggregate bilden. Eine Form stellt dabei die amyloide Proteinfibrille dar (Abbildung 2). Es wird angenommen, dass jedes Protein unter geeigneten Bedingungen in der Lage ist amyloide Strukturen auszubilden (Dobson 2003). Begünstigende Faktoren können dabei unter anderem teildenaturierende Bedingungen oder auch mutationsbedingte Veränderungen der Primärsequenz des Proteins darstellen.

Die sich extra- oder intrazellulär bildenden Ablagerungen aus fehlgefalteten Proteinen können eine toxische Wirkung aufweisen. Der Mechanismus dieser

Toxizität ist noch nicht abschließend geklärt und Gegenstand aktueller Forschung. Im Fall von Alzheimer und dem β-Amyloid gibt es Hinweise darauf, dass Oligomere, die ggf. Zwischenstufen der amyloiden Fibrillen darstellen, eine höhere Toxizität aufweisen als die Fibrillen selbst (Demuro *et al.* 2005; Zhao *et al.* 2008).

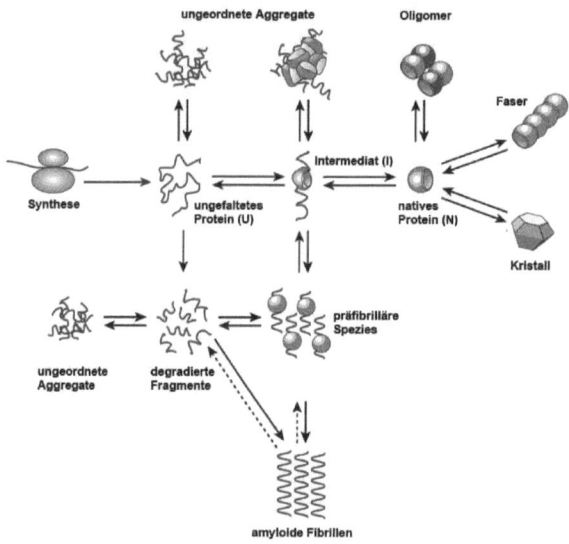

Abbildung 2 – Mögliche Faltungszustände von Proteinen
Die ungefaltete Aminosäurekette (U), die am Ribosom entsteht, kann über Faltungsintermediate (I) die native Konformation des Proteins (N) einnehmen. Ausgehend von den Faltungszuständen U und I können auch ungeordnete (amorphe) Aggregate entstehen. Aus mehreren Proteinen des Zustands N können sich höher geordnete Aggregate wie z.B. Oligomere, Fasern oder Kristalle bilden. Die Intermediate können auch prä-amyloide Spezies ausbilden, die zur Ausbildung amyloider Fibrillen führen. Abbildung verändert nach (Dobson 2003).

1.2.3 Amyloide Proteinaggregate

Die Bezeichnung „amyloid" beruht auf der Annahme, dass es sich bei Ablagerungen die bei Untersuchungen histologischer Schnitte mittels Jod färbbar waren, um Stärke (lat.: „*amylum*") handelt. Erst später stellte sich heraus, dass es sich um proteinöse Ablagerungen handelt (Sipe *et al.* 2000).

Die klassische histopathologische Definition von amyloiden Aggregaten besagt, dass es sich um Proteinablagerungen handelt, die Proteine mit einer βfaltblattreichen Sekundärstruktur enthalten und mittels Kongorot-Färbung unter polarisiertem Licht eine grün-gelbe Doppelbrechung aufweisen (Puchtler *et al.* 1965). Neuere Definitionen schließen neben *in vivo* existierenden auch *in vitro* erzeugte Proteine ein und betrachten die Kongorot-Färbung nicht als zwingendes Kriterium (Harrison *et al.* 2007).

Mit Hilfe hochauflösender Methoden wie z.b. NMR-Spektroskopie, Röntgenkristallographie und Elektronenmikroskopie konnten in den letzten Jahren große Fortschritte bezüglich der Strukturaufklärung einiger amyloider Fibrillen gemacht werden. Das „cross-β" Motiv, bei dem die einzelnen Stränge des β-Faltblattes senkrecht zur Fibrillenachse stehen und die stabilisierenden Wasserstoffbrücken zwischen den Strängen somit in der Fibrillenachse liegen, kann unter entsprechenden Bedingungen von jedem bekannten Protein ausgebildet werden und hängt nicht von der Sequenz der Aminosäurekette ab (Heise 2008). Die genaue Struktur der amyloiden Fibrille hingegen wird durch die Abfolge der einzelnen Aminosäuren bestimmt. Einige für amyloide Fibrillen charakteristische Strukturmotive sind in Abbildung 3 gezeigt.

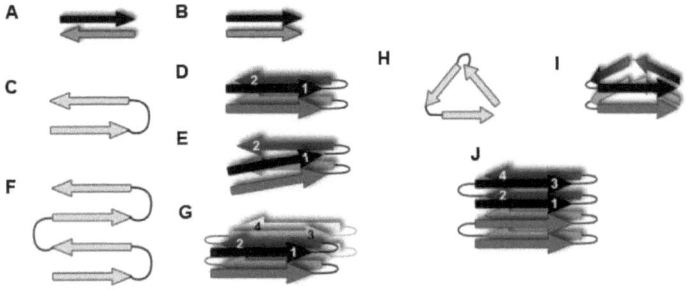

Abbildung 3 – Verschiedene Strukturmotive amyloider Fibrillen
(**A**) Das antiparallele β-Faltblatt, wird bevorzugt von apolaren oder wechselseitig gestapelten gegensätzlich geladenen Sequenzen gebildet. (**B**) Das parallele β-Faltblatt besteht zumeist aus amphiphilen Sequenzen oder wird durch gestapelte hydrophobe Sequenzbereiche stabilisiert. (**C-E**) Das parallele „β-sandwich" enthält parallele β-Faltblätter, die durch eine 180°-Kehre verbunden sind. (**F-G**) „Superpleated parallel cross-β"-Struktur aus mehr als zwei β-Faltblättern. (**H-I**) Parallele β-Helix. (**J**) β-solenoid. Abbildung verändert nach (Heise 2008).

1.3 Prionkrankheiten

Eine Besonderheit unter den Proteinfehlfaltungserkrankungen stellen die Prionkrankheiten dar, da sie auf natürlichem Wege übertragbar sind. Die Bezeichnung „Prionkrankheiten" leitet sich aus dem Namen des Erregers der Krankheit ab. Das sogenannte Prion (engl. „**p**roteinaceous **i**nfectious particle"), der Erreger der Prionkrankheiten, besteht hauptsächlich aus der fehlgefalteten Form des körpereigenen Prion-Proteins (PrP). Ein Merkmal der Prionkrankheiten, die daher auch als übertragbare spongiforme Enzephalopathien („transmissible spongiforme encephalopathy"; TSE) bezeichnet werden, sind schwammartige („spongiformen") Veränderungen des Nervengewebes im Gehirn, die auf den Verlust von Neuronen zurückzuführen sind (Imran *et al.* 2011). Mikroskopische Aufnahmen von Gewebepräparaten von TSE-Erkrankten zeigten deutlich sichtbare Läsionen im Bereich des *Cortex*, weshalb diese pathologische Veränderung als „schwammartig" bezeichnet wurde (Abbildung 4) (Peden *et al.* 2012). Zu den Prionkrankheiten zählen innerhalb der Säugetiere Scrapie der Schafe, die Bovine Spongiforme Enzephalopathie („BSE") der Rinder, die Chronische Aufzehrungskrankheit („Chronic Wasting Disease"; CWD) der Hirsche und Elche sowie die Prionkrankheiten des Menschen: Creutzfeldt-Jakob-Krankheit („Creutzfeldt-Jakob Disease"; CJD), Kuru, Tödliche Familiäre Schlaflosigkeit („Fatal Familial Insomnia"; FFI) und das Gerstmann-Sträussler-Scheinker Syndrom (GSSS). Eine Übersicht der bisher beschriebenen Prionkrankheiten in Menschen und Tieren ist in Tabelle 1 aufgeführt (Imran *et al.* 2011).

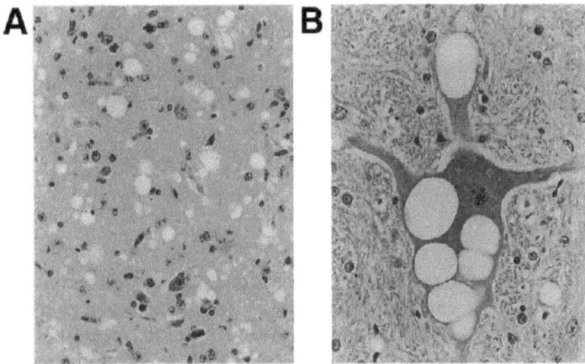

Abbildung 4 – Spongiforme Veränderungen des Hirngewebes bei Prionkrankheiten
Die lichtmikroskopischen Aufnahmen zeigen schwammartige Veränderungen des Nervengewebes, ein Merkmal der Prionkrankheiten. (**A**) Vakuolisierung des Neuropils. (**B**) Mehrere intrazelluläre Vakuolen eines Neurons. (Tyrrell 1994)

Tabelle 1 – Prionkrankheiten in Tieren und Menschen

Krankheit	Organismus	Ursache	Erstbeschreibung
Sporadische CJD (sCJD)	Mensch	Spontane Umwandlung von PrP / somatische Mutation	1920
Familiäre CJD (fCJD)	Mensch	Keimbahnmutation im PrP-Gen	1924
Iatrogene CJD (iCJD)	Mensch	Übertragung durch kontaminierte medizinische Geräte, Transplantate, Hormonbehandlung	1974
Variante CJD (vCJD)	Mensch	Übertragung durch Aufnahme kontaminierter Nahrungsmittel, Bluttransfusion	1996
Gerstmann-Sträussler-Scheinker Syndrom (GSSS)	Mensch	Keimbahnmutation im PrP-Gen	1928
Kuru	Mensch	Übertragung durch rituellen Endokannibalismus	1957
Tödliche familiäre Schlaflosigkeit (FFI)	Mensch	Keimbahnmutation im PrP-Gen	1986
Sporadische tödliche Schlaflosigkeit (sFI)	Mensch	Spontane Umwandlung von PrP / somatische Mutation	2005
„Variably protease-sensitive prionopathy" (VPSPr)	Mensch	Spontane Umwandlung von PrP	2008
Traberkrankheit (Scrapie)	Schaf	Sporadisch oder Infektion	1732
Transmissible Mink Enzephalopathie (TME)	Nerz	Infektion	1965
Chronische Aufzehrungskrankheit (CWD)	Hirsch und Elch	Sporadisch oder Infektion	1980
Bovine Spongiforme Enzephalopathie (BSE)	Rind	Infektion	1987
Exotische Enzephalopathie der Huftiere (EUE)	Huftiere	Infektion	1987
Feline Spongiforme Enzephalopathie (FSE)	Katze	Infektion	1990

Quelle (Imran *et al.* 2011)

1.3.1 Scrapie

Die Traberkrankheit (engl. „scrapie") ist die am längsten bekannte Prionkrankheit und wurde in Schafen, Ziegen und Mufflons beschrieben. Die

Dokumentation dieser Erkrankung geht bis ins 18. Jahrhundert zurück und stützt sich auf Daten aus weiten Teilen Westeuropas. Der erste Fall wurde im Jahr 1732 in Großbritannien beschrieben, doch erst wirtschaftliche Verluste in der ersten Hälfte des 20. Jahrhunderts führten dazu die Krankheit weiter zu erforschen. Die Übertragbarkeit von Scrapie wurde 1936 gezeigt (Cuillé 1936). Eine flächendeckende Überwachung wurde 2003 durch die EU eingeführt. Die Entdeckung der Creutzfeldt-Jakob-Krankheit und der Bovinen Spongiformen Enzephalopathie des Rindes führten ebenfalls zu einer verstärkten Erforschung von Scrapie (Hörnlimann 2007).

Eine orale Applikation des Erregers führt zu einer Akkumulation im darmassoziierten Immunsystem (GALT; engl. „gut associated lymphoid tissue"). Von dort verbreitet sich der Erreger im gesamten lymphatischen System. Zu diesem prä-klinischen Zeitpunkt kann der Erreger durch Biopsien in Milz, Lymphknoten oder dem rektalen Lymphgewebe nachgewiesen werden. Der Weg in das zentrale Nervensystem wird durch das enterische Nervensystem des Darms beschritten, hier kommt es zu einer aufsteigenden Infektion der efferenten Bahnen des Para- und Sympathikus. Durch das dorsale motorische Kerngebiet des *Nervus vagus* im Hirnstamm infiziert der Erreger das Gehirn (van Keulen *et al.* 2002). In der klinische Phase kann der Erreger in einer Vielzahl von Geweben nachgewiesen werden. Dazu zählen in erster Linie das Zentrale Nervensystem, Hypophyse, Nebenniere, Knochenmark, Bauchspeicheldrüse, Leber und das periphere Nervensystem, sowie lymphatisches Gewebe wie z.B. Lymphknoten, Milz, Thymus und Peyer's Patch (Hörnlimann 2007; Imran *et al.* 2011). Ebenso konnten Prionpartikel durch Transfusionsstudien und Einzelpartikelnachweis im Blut nachgewiesen werden (Houston *et al.* 2000; Bannach *et al.* 2012).

Abbildung 5 – Ein an Scrapie erkranktes Schaf
Ein an Scrapie erkranktes Schaf mit Pruritus, einem typischen Symptom von Scrapie. Durch den Juckreiz reibt sich das Schaf Objekten wie z.B. Zaunpfählen. Abbildung nach (Ulvund 2007)

Die Symptomatik von Scrapie tritt im Krankheitsverlauf erst nach drei bis vier Jahren auf und wird durch Läsionen im zentralen Nervensystem verursacht. In der klinischen Phase, die zwischen zwei Wochen bis sechs Monaten anhält und unweigerlich zum Tod des Tieres führt, treten Verhaltensänderungen, abnormale Haltung und Gang, sowie Gewichtsverlust und Zittern auf. Pruritus (Juckreiz), ein häufig auftretendes Symptom, ist für die Namensgebung der Krankheit im englischsprachigen Raum verantwortlich, da infizierte Tiere durch andauerndes Kratzen und Reiben z.T. auch an feststehenden Gegenständen ihre Wolle verlieren (Abbildung 5) (Imran *et al.* 2011).

Da ein schneller *ante mortem* Test für Scrapie bisher nicht vorhanden ist, gibt es keine genauen Zahlen bzgl. der Prävalenz der Erkrankung. Alle Daten hierzu beziehen sich auf eine *post mortem* Diagnose. Hier zeigt sich, dass die Krankheit in bestimmten Regionen oder Rassen gehäuft auftritt. In Nordamerika beispielsweise treten 87% der Scrapie Erkrankungen in der „Suffolk" Rasse auf (Wineland *et al.* 1998). Generell wird der Export von Scrapie-erkrankten Schafen als Hauptgrund für die weltweite Verbreitung der Erkrankung angenommen. Scrapie freie Länder wie z.B. Australien und Neu-Seeland sind nur in der Lage diesen Status zu erhalten, in dem sie rigorose Quarantäne- und Notschlachtungsmaßnahmen durchführen (MacDiarmid 1996). Hier führt z.B.

eine einzeln auftretende Scrapie Infektion eines importierten Schafes zur sofortigen Schlachtung des erkrankten und aller in kontakt getretenen Tiere (Detwiler *et al.* 2003). Durch Analyse der Inkubationszeit, des Läsionsprofils im zentralen Nervensystems und anderen Eigenschaften wie z.b. des Glykosylierungsprofils und der Resistenz gegenüber proteolytischem Abbau des Prion-Proteins konnten verschiedene Stämme des Scrapie-Erregers bestimmt werden. Neben der klassischen Scrapie-Erkrankung („classical Scrapie") existieren einige weitere Stämme. Zu den bekanntesten gehört atypisches Scrapie (atypical scrapie; Nor98) und BSE-Scrapie, welcher durch die Infektion mit dem BSE-Erreger auftritt (Eloit *et al.* 2005; Benestad *et al.* 2008). In Schafen, die ein durch Züchtung eingebrachtes PrP-Gen tragen, welches eine Resistenz gegen die klassische und BSE-Form des Erregers vermittelt, wurde die oben genannte atypische Variante nachgewiesen.

Bezogen auf die Suszeptibilität verschiedener Genotypen des Schafes gegenüber Scrapie zeigten sich drei besonders einflussreiche Polymorphismen. Die Polymorphismen der Codons A136V, R154H und Q171R/H bestimmen in spezifischer Kombination über die Resistenz bzw. Anfälligkeit gegenüber Scrapie. Schafe, die den Q171R Polymorphismus tragen zeigen dabei die höchste Resistenz, Tiere mit dem A136V Polymorphismus eine niedrige Resistenz gegenüber Scrapie (Dawson *et al.* 1998; Hörnlimann 2007).

1.3.2 Bovine Spongiforme Enzephalopathie

Die unter Rindern verbreitete Prionkrankheit ist die Bovine Spongiforme Enzephalopathie („Bovine Spongiforme Encephalopathy"; BSE), die durch die BSE-Krise Mitte 1980 in Europa weltweit bekannt wurde (Abbildung 6). Erste Fälle wurden 1986 diagnostiziert, die rapide steigenden Fallzahlen deuteten darauf hin, dass es sich um eine Epidemie handelte (Wells *et al.* 1987). Die geographische Verbreitung der Seuche lies darauf schließen, dass es sich um eine weit verbreitete Quelle handelt; genetische Faktoren, kontaminiertes

Importgut oder Einflüsse von landwirtschaftlich verwendeten Chemikalien konnten jedoch ausgeschlossen werden. Weitere Nachforschungen ergaben, dass es einige Jahre zuvor innerhalb der Tiernahrungsmittelindustrie Änderungen bzgl. der Herstellung von Knochenmehl („meat-and-bone-meal"; MBM) gegeben hatte, die zeitlich mit dem Auftreten von BSE korrelierten. Es konnte gezeigt werden, dass der Erreger von BSE durch ein neues Verfahren in Umlauf gebracht wurde, welches in einem Arbeitsschritt eine niedrigere Temperatur (<100 °C statt ~120 °C) verwendete, was eine unzureichende Dekontamination des Erregers zur Folge hatte (Wilesmith et al. 1988). Als wahrscheinlichster Kandidat für den Erreger wird Schaf-Scrapie angenommen, da diese Erkrankung in Großbritannien zu dieser Zeit die einzige natürlich auftretende, tierische Prionkrankheit war (Anderson et al. 1996). Nach dem Verbot von MBM als Futterzusatz für Huftiere konnte ein starker Rückgang von BSE verzeichnet werden (Ducrot et al. 2008).

Die Inkubationszeit von BSE liegt, für Tiere die im Zuge der BSE-Krise infiziert wurden, bei etwa fünf Jahren, bei experimentell durchgeführter oraler Applikation des Erregers, bei etwa drei Jahren (Donnelly et al. 1997; Wells et al. 1998). Eine „natürliche" horizontale Übertragung von BSE wird nicht angenommen, es handelt sich um eine durch die Fütterung von MBM entstandene Krankheit (Anderson et al. 1996).

Im Verlauf der BSE-Erkrankung kommt es zu Verhaltensänderungen, Gewichtsverlust, Muskelzittern, Bewegungsstörungen, vermehrtem Speichelfluss und schließlich zum Tod der Tiere (van Keulen et al. 2000).

Abbildung 6 – Ein an BSE erkranktes Rind
Abbildung nach Gajdusek

Die Verteilung des Erregers innerhalb des Organismus unterscheidet sich von der Verteilung des Scrapie-Erregers im Schaf. Infektiosität konnte (wie auch beim Schaf) im zentralen Nervensystem nachgewiesen werden. Im Gegensatz dazu wurde keine Infektiosität in Blut oder lymphatischem Gewebe, mit Ausnahme des Peyer's Patch, gefunden (Jeffrey *et al.* 2004).

Zur Spitze der BSE-Krise 1992 waren in Großbritannien 1% Rindern mit BSE infiziert, 2005 waren es noch 0,004%. Im Vergleich zu den Fallzahlen in Großbritannien (~185.000) fallen die Zahlen in anderen EU-Ländern (~5.400) vergleichsweise gering aus. Die Länder mit den meisten Fällen neben Großbritannien umfassen Irland, Portugal, Frankreich, Deutschland, Spanien und die Schweiz (Smith *et al.* 2003).

Neben der klassischen Form von BSE sind zwei weitere atypische Varianten beschrieben: „H-type„- und „L-type"-BSE. Beide Varianten zeigen unterschiedliche biochemische Eigenschaften im Vergleich zu klassischen Form von BSE. Des Weiteren lassen sich Unterschiede in der Verteilung des Erregers im Gehirn nachweisen. Auch finden sich im Gegensatz zu klassischen Form von BSE bei „L-type"-BSE amyloide Plaques im ZNS (Casalone *et al.* 2004; Hörnlimann 2007).

1.3.3 Chronische Aufzehrungskrankheit

Die chronische Aufzehrungskrankheit („Chronic Wasting Disease"; CWD) ist die bei Hirschen und Elchen auftretende Prionkrankheit. In den späten 1960er Jahren wurde ein Syndrom unter in Gefangenschaft gehaltenen Maultierhirschen beschrieben, welches sich durch progressiven Gewichtsverlust und abnormale Verhaltensweisen der Tiere äußerte (Abbildung 7). Erst 1978 konnte dieses Syndrom durch neuropathologische Untersuchungen als Prionkrankheit identifiziert werden (Williams *et al.* 1980). Kurz darauf wurde CWD im gleichen Wildpark auch bei Rothirschen diagnostiziert. In den folgenden Jahren wurden weitere Fälle der Erkrankung in Wildparks in anderen US-Bundesstaaten und kanadischen Provinzen verzeichnet. Erst 1981 wurde die Krankheit unter freilebenden Tieren innerhalb der Vereinigten Staaten entdeckt (Spraker *et al.* 1997). Durch eine verstärkte Überwachung der freilebenden Hirsche konnten bis heute in 10 US Bundesstaaten und 2 kanadischen Provinzen Nordamerikas CWD-Fälle lokalisiert werden (Kahn *et al.* 2004; Williams 2007). Der einzige Fall von CWD außerhalb Nordamerikas wurde in Südkorea diagnostiziert und ist vermutlich auf ein exportiertes Tier zurückzuführen (Sohn *et al.* 2002). Die Prävalenz in freilebenden Tieren liegt zwischen 3 und 5% (Miller *et al.* 2000; Joly *et al.* 2003).

Abbildung 7 – Ein an CWD erkrankter Hirsch
Abbildung nach (Williams *et al.* 1980)

Die Inkubationszeit von CWD liegt bei schätzungsweise anderthalb Jahren, was sich mit Daten aus experimentell infizierten Tieren deckt (Williams *et al.* 2002). Der natürliche Übertragungsweg ist bisher ungeklärt, die Prävalenz von CWD in freilebenden Tieren deutet jedoch auf eine direkte oder indirekte horizontale Übertragung hin (Miller *et al.* 2003). Eine mögliche Übertragung von CWD könnte dabei über Speichel oder Fäzes erfolgen (Tamguney *et al.* 2009; Tamguney *et al.* 2012). Hinweise auf eine Übertragung durch kontaminierte Nahrung, wie es bei BSE der Fall war, sind bisher nicht beschrieben.

Die hauptsächlichen Symptome der chronischen Aufzehrungskrankheit sind Verhaltensänderungen und eine sichtbare Verschlechterung der körperlichen Verfassung (Williams *et al.* 1980). In späten Stadien kommt es zur Abmagerung („Wasting"), vermehrtem Speichelfluss und zu für Prionkrankheiten typischen Symptomen wie Ataxie und Tremor. Die klinische Phase ist mit wenigen Wochen bis zu einem Jahr angegeben (Williams 2005). In einem späten Stadium der Krankheit kann der Erreger in vielen Organen nachgewiesen werden, dazu zählen das zentrale und periphere Nervensystem, das lymphatische System, Peyer's Patch, Milz, Niere und Pankreas (Williams 2005; Williams 2007).

1.3.4 Creutzfeldt-Jakob-Krankheit

Anfang des 20. Jahrhunderts veröffentlichten die deutschen Ärzte Hans Gerhard Creutzfeldt und Alfons Maria Jakob unabhängig voneinander eine Fallbeschreibung einer neuartigen progressiven neuronalen Erkrankung. Obwohl im nachhinein bekannt wurde, dass es sich zumindest bei den Erstbeschreibungen der Ärzte nicht zweifelsfrei um die Creutzfeldt-Jakob Krankheit (CJD) handelte, wurde dieses Krankheitsbild 1922 nach ihnen benannt.

In den folgenden Jahrzehnten wurden weltweit weitere Fälle der spontan auftretenden Variante von CJD (sCJD) diagnostiziert. Bis heute konnte kein Beweis für eine infektiöse Quelle oder andere Umwelteinflüsse gefunden werden, die als Auslöser der als idiopathisch klassifizierten Krankheit gelten (Budka 2007). Durch molekularbiologische Methoden konnten neben sCJD, auch Hinweise auf eine familiäre Form, fCJD, der Krankheit gefunden werden, die auf Mutationen des PrP-Gens zurückzuführen ist. 1966 wurde die Übertragbarkeit experimentell gezeigt, indem CJD auf Schimpansen übertragen wurde (Gajdusek *et al.* 1966). Bis heute sind außerdem bis zu 400 Fälle der iatrogenen Variante (iCJD) bekannt, bei denen die Krankheit durch medizinische Unfälle ausgelöst wurde (Brown *et al.* 2012). 1996 wurde mit vCJD eine neue Variante der Erkrankung beschrieben, die mit dem Konsum von mit BSE kontaminierter Nahrung in Verbindung gebracht wird (Will *et al.* 2000). Eine Übersicht der Fallzahlen von BSE und vCJD in Grossbritannien ist in Abbildung 8 dargestellt.

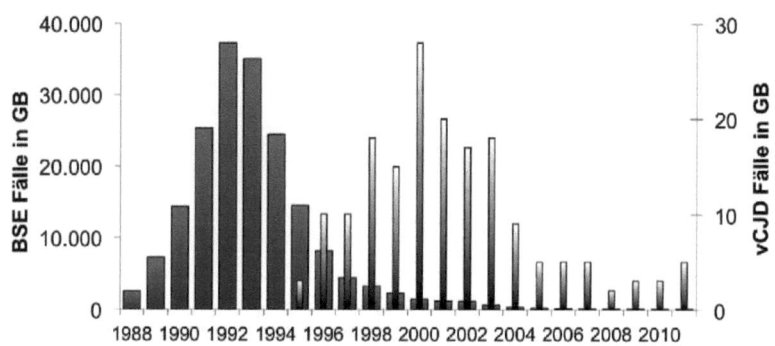

Abbildung 8 – Fallzahlen von BSE- und vCJD-Fällen in Großbritannien
Anzahl der BSE- (dicke Balken) und vCJD-Fälle (dünne Balken) in Großbritannien im Zeitraum von 1988 bis 2011 (Quelle: NCJDRSU; OiE; Stand: 2011).

Heute gilt CJD als die häufigste menschliche Prionkrankheit. Die spontane Variante der Krankheit umfasst 84% aller europäischen CJD-Fälle. Es wird vermutet, dass die Krankheit durch eine somatischen Mutation innerhalb des PrP-Gens oder durch eine spontan auftretende Konformationsänderung des Prion-Proteins auslöst wird (Budka 2007). Die familiäre Form von CJD macht 10% der in Europa auftretenden Fälle aus und wird autosomal dominant vererbt.

Sie ist auf verschiedene Punktmutationen des PrP-Gens zurückzuführen, zu den daraus resultierenden Polymorphismen zählen E200K, D178N und P102L sowie einige Insertionsmutationen (Gambetti *et al.* 2003). Die iatrogene Variante stellt 3% der CJD-Fälle und ist überwiegend auf Transplantationen der *Dura mater* sowie Behandlungen mit Wachstumshormonen, die aus der Hypophyse von an CJD erkrankten Personen gewonnen wurden, zurückzuführen. Einige wenige Fälle sind durch kontaminiertes Operationsbesteck oder Elektroenzephalografie-(EEG)-Elektroden, sowie *Cornea*-Transplantationen verursacht worden (Brown *et al.* 2012). vCJD macht ebenfalls 3% der CJD-Fälle aus, als Auslöser wird, wie zuvor beschrieben, der Konsum von mit BSE kontaminierter Nahrung angenommen.

Die Symptomatik von CJD umfasst immer eine progressive Demenz sowie meistens Myoklonie, Spastik, Hyperreflexie, Tremor, Rigor und Ataxie (Sikorska *et al.* 2012).

Die Inkubationszeit kann nur für Fälle von iCJD oder vCJD bestimmt werden. Für Fälle mit direktem Kontakt durch chirurgische Instrumente liegt sie bei etwa anderthalb Jahren, für Fälle nach einer Transplantation der *Dura mater* wird sie mit neun Jahren angeben und bei Behandlungen mit Wachstumshormonen liegt sie bei ca. 12 bis 13 Jahren. Die genaue Inkubationszeit für vCJD ist nicht bekannt, sie wird allerdings, aufgrund von Schätzungen, mit vier bis fünf Jahren angegeben (Will 2003).

Eine vorläufige Diagnose von CJD kann durch Auffälligkeiten während eines EEGs sowie durch das Vorhandensein des 14-3-3 Proteins im *Liquor cerebrospinalis* (CSF) gestellt werden (Zerr *et al.* 2000). Eine definitive Diagnose kann erst *post mortem* durch histopathologische Untersuchung gestellt werden. Hierzu werden Methoden wie immunohistochemische Färbungen, genetische Analysen und Western-Blots von PrP^{Sc} oder PK-resistentem PrP^{27-30} herangezogen (Kovacs *et al.* 2004).

Die Neuropathologie von CJD weist meist eine generelle oder teilweise Atrophie des *Cerebrums* oder des *Cerebellums* sowie die typischen schwammförmigen Veränderungen des Gewebes auf. Des Weiteren zeigt sich eine vermehrte Bildung von Gliazellen (Gliose) und die Ablagerung von PrP-Aggregaten im Nervengewebe (Budka *et al.* 1995). Außerhalb des ZNS können PrP-Ablagerungen im peripheren Nervengewebe, im olfaktorischen Epithel, in dendritischen Zellen sowie in Milz und Skelettmuskel nachgewiesen werden (Budka 2007).

Eine Besonderheit bei CJD stellt der Genotyp an Codon 129 des Gens dar, welches für PrP codiert (*PRNP*). An Codon 129 kann entweder die Aminosäure Methionin oder Valin vorliegen. Der Vergleich der Verteilung der Genotypen innerhalb der Bevölkerung von Europa und der USA zu der Verteilung innerhalb von sCJD und vCJD Patienten unterstreicht die Besonderheit dieses Polymorphismus (Tabelle 2). Im Vergleich zur Häufigkeit innerhalb der Gesamtbevölkerung zeigt sich, dass der Genotyp „homozygot Methionin" unter den an sCJD erkrankten Personen überrepräsentiert ist. Darüber hinaus sind bis heute alle Fälle von vCJD ebenfalls „homozygot Methionin"(Parchi *et al.* 1999).

Tabelle 2 – Verteilung der Genotypen des Codon 129 des *PRNP*-Gens innerhalb der Gesamtbevölkerung der USA und Europas im Vergleich zu sCJD- und vCJD-Fällen.

Genotyp an Codon 129 des *PRNP*-Gens	Bevölkerung (Europa, USA)	sCJD Fälle	vCJD Fälle
Homozygot Methionin (MM)	37%	72%	100%
Heterozygot Methionin-Valin (MV)	51%	11%	0%
Homozygot Methionin (VV)	12%	17%	0%

Quelle (Parchi *et al.* 1999)

Zusätzlich zur Bestimmung der Genotypen können durch elektrophoretische Auftrennung und eine Western Blot Analyse des Erregers zwei unterschiedlich große ungklykosylierte Formen („type 1" und „type 2") von PrP unterschieden werden. Durch die Kombination dieser zwei Formen mit den unterschiedlichen Genotypen an Codon 129 (M/M; M/V; V/V) lässt sich eine Klassifizierung der

Krankheit erstellen, die sechs distinkte Subtypen zulässt: MM1, MM2, MV1, MV2, VV1 und VV2. Auch die Neuropathologie von CJD zeigt deutliche Unterschiede der Läsionsprofile des ZNS, die sich weitestgehend auf die sechs molekularen Subtypen übertragen lassen (Bishop *et al.* 2010). Auch bei einer Untersuchung der Phänotypen von sCJD, fCJD und der tödlichen familiäre Schlaflosigkeit (FFI) wird der Einfluss des Polymorphismus M129V deutlich. Beispielsweise treten PrP-Plaques bei sCJD nur auf, wenn der Patient mindestens ein Allel mit Valin an Codon 129 trägt. Auch bei fCJD zeigt sich eine Abhängigkeit von Codon 129 in Bezug auf den Polymorphismus D178N. Hier lassen sich anhand des Genotyps zwei unterschiedliche Krankheitsformen unterscheiden. Tritt der D178N Polymorphismus mit Valin an Codon 129 auf, führt dies zu fCJD. In Kombination mit Methionin an Codon 129 wird FFI hervorgerufen (Kretzschmar 2007).

1.3.5 Weitere Prionkrankheiten des Menschen

Neben der Creutzfeldt-Jakob Krankheit existieren noch weitere Prionkrankheiten des Menschen. Zu diesen wird Kuru gezählt, eine Prionkrankheit unter den Ureinwohner Papua-Neuguineas sowie die extrem selten auftretenden Krankheitsbilder der tödlichen familiäre Schlaflosigkeit („Fatal Familial Insomnia"; FFI) und des Gerstmann-Sträussler-Scheinker Syndroms (GSSS).

1.3.5.1 Kuru

Unter verschiedenen Stämmen der Ureinwohnern der östlichen Hochebene Papua-Neuguineas, vor allem dem Stamm der „Fore", trat Anfang des 20. Jahrhunderts eine unheilbare Krankheit auf, dessen Entstehung die Völker selbst als einen „Kuru Zauber" bezeichneten (Abbildung 9). Nachdem Ärzte diese Krankheit seit den 1950er Jahren weiter erforschten, konnte festgestellt werden, dass die Krankheit durch rituellen Kannibalismus verursacht wird, der als Würdigung von Verstorbenen praktiziert wurde (Liberski *et al.* 2012).

Abbildung 9 – Ureinwohner Papua-Neuguineas
Eine dem Fore Stamm angehörige Familie pflegen einen an Kuru erkrankten Verwandten (Farquhar 1981)

Die Inkubationszeit von Kuru liegt zwischen vier Jahren und mehreren Jahrzehnten, was auf die unterschiedliche Menge an aufgenommenen infektiösem Gewebe zurückzuführen ist (Prusiner *et al.* 1982). Neben der Übertragung durch Endokannibalismus, bei dem rituelle Speisen aus den Gehirnen von Verstorbenen angefertigt und verzehrt werden, besteht ebenso die Möglichkeit einer parenteralen Übertragung durch die Präparation der Gehirne. Eine vertikale oder direkte horizontale Übertragung wurde nicht beobachtet. Die Inkubationszeit bei experimenteller Übertragung auf Primaten ist mit über zwei Jahren angegeben und ist länger als die von CJD (Gajdusek *et al.* 1966; Gibbs *et al.* 1968).

Die klinische Phase von Kuru dauert im Durchschnitt 12 Monate und beginnt mit Kopf- und Gelenkschmerzen. Im Verlauf der Krankheit kommen Bewegungsstörungen und Tremor hinzu, worauf die Namensgebung der Krankheit beruht, da „kuru" in der Sprache der Fore in etwa „zittern" oder „schlottern" bedeutet. Im weiteren Verlauf kommt es zu willkürlichen Lachanfällen und euphorischen Zuständen, weswegen die Krankheit auch als der lachende Tod bezeichnet wurde. Hinzu kommt Schielen, niedriger Blutdruck und eine progressive Ataxie, die sich vor allem in Dysmetrie und Dysarthrie äußerte sowie eine im Endstadium auftretende Demenz (Mead *et al.* 2008; Liberski *et al.* 2012).

Insgesamt wurden ca. 2700 Fälle von Kuru registriert, die Epidemie fand ihren Höhepunkt um das Jahr 1960 und fiel danach wieder ab, da der rituelle Kannibalismus Mitte der 1950er Jahre verboten wurde. Seit 1967 wurden keine Fälle mehr für unter 10-Jährige beschrieben.

In Gehirnen Erkrankter konnten für Prionkrankheiten typische spongiforme Veränderungen und PrP-Ablagerungen in Form von Plaques nachgewiesen werden.

Als ein die Krankheit beeinflussender Faktor gilt auch hier der M129V-Polymorphismus. So zeigte sich, das Methionin-Homozygote eine deutlich verkürzte Inkubationszeit aufweisen (Mead *et al.* 2008).

1.3.5.2 Tödliche Familiäre Schlaflosigkeit

Die Tödliche Familiäre Schlaflosigkeit (Fatal Familial Insomnia; FFI) wurde erstmals 1986 in Italien beschrieben. Als autosomal dominant vererbte neurodegenerative Krankheit beschrieben, äußert sich FFI durch progressive und unkontrollierbare Änderungen des Schlaf-Wach-Rhythmus (Lugaresi *et al.* 1986).

Genetisch lässt sich bei allen FFI Fällen der D178N Polymorphismus nachweisen, zusätzlich dazu entscheidet auch der M129V-Polymorphismus über das auftreten der Krankheit (Goldfarb *et al.* 1992; Medori *et al.* 1992). Durch die experimentelle Überragung der Krankheit wurde sie ab 1995 zu den Prionkrankheiten gezählt (Tateishi *et al.* 1995). Seit 1999 ist eine sporadische Form der Krankheit bekannt, die aufgrund ihrer Symptomatik von FFI nicht unterscheidbar ist, jedoch an Codon 129 homozygot für Methionin ist (Xia *et al.* 2009).

Der Krankheitsverlauf von FFI ist in Abhängigkeit vom Genotyp mit neun Monaten entweder schnell (Codon 129 Met/Met) oder mit 30 Monaten langsam (Codon 129 Met/Val). Auch die Symptomatik unterliegt einem ähnlichen Muster, hier zeigt sich, dass Fälle des schnellen Verlaufs traumähnliche Zustände durchleben und an Schlaflosigkeit sowie Dysautonomie leiden. Patienten der langsamen Form zeigen Ataxie, Dysarthrie und epileptische Anfälle (Montagna *et al.* 1998).

Die Neuropathologie der Krankheit umfasst das Absterben von Neuronen und eine Gliose hauptsächlich im Bereich des Thalamus, des Olivenkerns und der *Medulla oblongata*. Interessanterweise lassen sich wenig bis keine Ablagerungen von PrP finden, was ein wichtiges Kriterium der Diagnose ausmacht (Montagna *et al.* 2003; Budka 2007).

Aufgrund der wenigen bekannten Fälle sind genaue epidemiologische Angaben nicht möglich. Die weltweiten Fallzahlen bewegen sich im Bereich von 50 FFI Fällen aus 26 Familien (Gambetti 2003).

1.3.5.3 Gerstmann-Sträussler-Scheinker Syndrom

Anfang des 20. Jahrhunderts wurden im Großraum Wien verschiedene Fälle einer erblich bedingten neurologischen Krankheit beschrieben. Das sehr seltene Syndrom wurde nach seinen Entdeckern Gerstmann und seinen Mitarbeitern Sträussler und Scheinker (GSSS) benannt (Gerstmann 1936) und trat bei verschiedenen Mitgliedern einer einzelnen Familie auf. Gemeinsamkeiten mit Kuru wurden erstmals 1962 entdeckt. Erst in den späten 1980er Jahren wurden Fälle des Syndroms auch bei anderen Familien diagnostiziert (Hainfellner *et al.* 1995). Bis heute sind weltweit mindestens 56 betroffene Familien beschrieben, die Inzidenz wird mit zwei bis fünf pro 100 Millionen angegeben und ist damit extrem selten (Ghetti 2003). Erst die experimentelle Übertragung des Krankheit auf Mäuse, Ratten und Affen bestätigte die Vermutung dass es sich um eine Prionkrankheit handelt (Tateishi *et al.* 1984).

GSSS wird autosomal-dominant vererbt, beginnt mit einer langsam fortschreitenden Ataxie und endet meist in einer Demenz. Die klinische Phase tritt im Mittel mit 45 Jahren auf und dauert fünf bis sechs Jahre (Rusconi *et al.* 2010). Die Pathologie beschreibt spongiforme Veränderungen und Gliose. Je nachdem ob eine Ataxie-dominierte oder demente Form vorliegt kommt es zum Absterben der Neuronen im *Cortex* oder im *Cerebellum*. Eine Besonderheit besteht in der Form der Ablagerungen von PrP, hier werden vornehmlich multizentrische Plaques beschrieben (Brown 1992).

Neben anderen assoziierten Polymorphismen ist die Krankheit vor allem mit dem P102L Polymorphismus verknüpft. Der überwiegende Teil der Fälle zeigt ebenfalls eine Abhängigkeit bzgl. des M129V-Polymorphismus (Budka 2007).

1.4 Übertragbarkeit von Prionkrankheiten und Speziesbarriere

Wie schon zuvor beschrieben, besteht die Möglichkeit, dass eine Prionkrankheit auf natürlichem Wege zwischen zwei Tieren einer Spezies übertragen wird. Auch die Übertragung einer Prionkrankheit auf eine andere Spezies ist möglich, dies gilt allerdings nicht für jede Kombination. Die experimentelle Übertragung einer Prionkrankheit auf eine andere Spezies führt in manchen Fällen dazu, dass alle Versuchstiere, die den Prion-Erreger injiziert bekamen, an einer Prionkrankheit erkranken. In anderen Fällen führt die Einbringung eines Prion-Erregers einer Spezies in Versuchstiere einer anderen Spezies dazu, dass nicht alle oder sogar keines der Tiere an einer Prionkrankheit erkrankt. Es ist auch möglich, dass die Übertragung zwischen zwei Spezies mit einer verlängerten Inkubationszeit einhergeht (Baron 2002). Die divergierenden Ergebnisse bei der interspezifischen Übertragung verschiedener Prionkrankheiten ist in der Literatur als das Phänomen der Speziesbarriere beschrieben (Moore *et al.* 2005). Je nach Kombination der Spezies kann die Speziesbarriere dabei mehr oder weniger stark ausgeprägt sein. In einigen Fällen kann sie auch durch mehrfaches Passagieren des Erregers überwunden werden (Beringue *et al.* 2008).

Im Laufe der Jahre wurde eine Vielzahl von Studien veröffentlicht, welche die Übertragbarkeit verschiedener Prionkrankheiten auf unterschiedliche Spezies thematisieren. Eine natürliche Übertragung innerhalb einer Spezies ist z.B. für Scrapie beschrieben, das sowohl vertikal als auch horizontal übertragen werden kann (Dickinson *et al.* 1974). Auch für CWD wird ein horizontaler Übertragungsweg angenommen, da die Prävalenz unter freilebenden Tieren stabil ist. Anders verhält es ich beispielsweise bei Rindern und auch dem Menschen, hier ist kein natürlicher, horizontaler Übertragungsweg bekannt. Einzig die artifizielle Übertragung von CJD durch medizinische Unfälle wurde beschrieben (Will *et al.* 1998; Peden *et al.* 2004; Brown *et al.* 2012).

Die Übertragung einer Prionkrankheit von einer Spezies auf eine andere konnte, wie zuvor erwähnt, durch die als wahrscheinlich geltende Übertragung von Scrapie auf Rinder während der BSE-Krise und die darauf folgende Übertragung von BSE auf den Menschen, die mit dem Auftreten von vCJD in Verbindung gebracht wird (Anderson *et al.* 1996; Will *et al.* 2000).

Wie schon zuvor beschrieben, wird angenommen, dass der BSE-Erreger durch den Konsum von BSE-kontaminierter Nahrung auf den Menschen übertragen wurde (Kapitel 1.3.2; Abbildung 8). Epidemiologische sowie biochemische Studien zeigen einen deutlichen Zusammenhang zwischen den beiden Krankheiten (Collinge *et al.* 1996; Lasmezas *et al.* 1996; Bruce *et al.* 1997; Will 2003).

Als Beispiel für eine ausgeprägte Speziesbarriere gilt die mangelnde Übertragbarkeit von Scrapie auf den Menschen. Wie schon in Kapitel 1.3.1 beschrieben, ist Scrapie schon seit fast drei Jahrhunderten bekannt. Eine Übertragbarkeit auf den Menschen konnte bisher jedoch nicht gezeigt werden. In einer Studie, konnte in transgenen Mäusen keine Prionkrankheit nachgewiesen werden, obwohl diese humanes PrP exprimierten und ihnen der

Scrapie-Erreger intrazerebral injiziert wurde (Hunter 1998; Johnson 2005; Caramelli *et al.* 2006; Wilson *et al.* 2012). Im Fall der Speziesbarriere zwischen Hirschen und Menschen sind die bisherigen wissenschaftlichen Ergebnisse nicht eindeutig. Es existieren *in vitro* Studien, die eine Übertragung nahelegen (Barria *et al.* 2011). Ebenso gelang eine Übertragung des CWD-Erregers auf Totenkopfaffen, einer Affenart, die nicht zu den Menschenaffen gehört (Marsh *et al.* 2005). Im Gegensatz dazu stehen *in vivo* und *in vitro* Studien, die eine vorhandene Speziesbarriere propagieren (Belay *et al.* 2004; Li *et al.* 2007). Versuche mit transgenen Mäusen zeigten ähnliche Ergebnisse.

Das Phänomen der Speziesbarriere erhält einen weiteren Grad an Komplexität durch eine Studie, die zeigen konnte, dass eine Speziesbarriere auch gewebespezifisch auftreten kann. Transgenen Mäusen wurden verschiedene Prion-Erreger injiziert, für die in dieser Kombination eine ausgeprägte Speziesbarriere beschrieben ist. Die Analyse verschiedener Organe konnte PK-resistentes PrP in lymphatischem Gewebe, nicht aber im ZNS der Versuchstiere nachweisen. Hinzu kam, dass die Mäuse keine Symptomatik aufwiesen, die auf eine Erkrankung hindeutete (Beringue *et al.* 2012).

Die Speziesbarriere wurde auf molekularer Ebene zunächst durch den Vergleich der Primärsequenzen des PrP verschiedener Spezies untersucht. Eine der umfassendsten Studien zu diesem Thema vergleicht 38 Primärsequenzen des Prion-Proteins verschiedener Spezies (Wopfner *et al.* 1999). Die Sequenzidentität zwischen den PrP-Sequenzen zweier Spezies gilt zwar als beeinflussender Faktor der Speziesbarriere, der einfache Vergleich zweier Sequenzen reicht allerdings nicht aus, um eine Speziesbarriere zu quantifizieren oder vorherzusagen. Eine genaue Analyse der relevanten Regionen bzw. Sequenzbereiche und den daraus resultierenden Strukturmotiven ist daher notwendig (Krakauer *et al.* 1996).

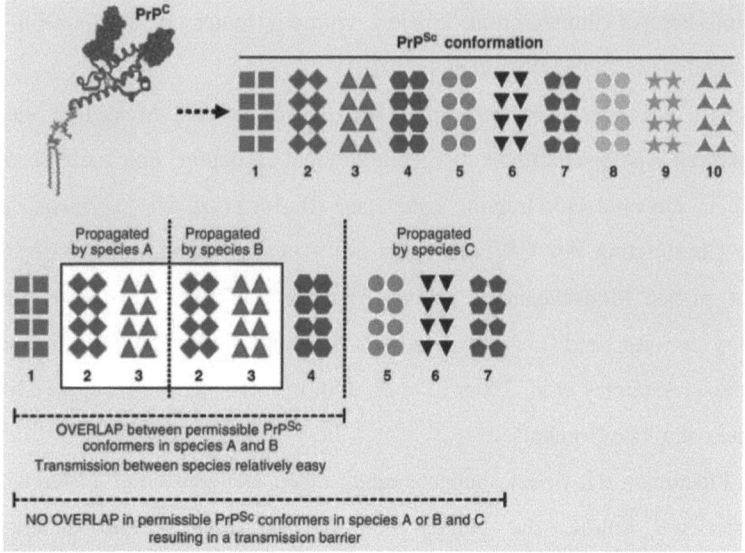

Abbildung 10 – Die Speziesbarriere nach dem „Conformational Selection Model"
Das „Conformational Selection Model" postuliert, dass das PrP^C einer bestimmten Spezies nur eine begrenzte Anzahl verschiedener PrP^{Sc}-Konformationen einnehmen kann (hier **1-10**). Eine Übertragung ist nur möglich, wenn die Menge der PrP^{Sc}-Konformationen zweier Spezies zumindest eine gemeinsame Konformation enthält (hier im Fall von Spezies **A** und **B**). Eine ausgeprägte Speziesbarriere tritt in dem Fall auf, dass keine gemeinsame Konformation existiert (hier beispielsweise für Spezies **B** und **C**). Abbildung nach (Collinge *et al.* 2007).

Ein generelles Modell, welches die Speziesbarriere zu erklären versucht, greift eben diesen Vergleich auf struktureller Ebene auf (Abbildung 10). Das „Conformational Selection Model" definiert die Speziesbarriere zwischen zwei Spezies als ein Maß der Überschneidung innerhalb der möglichen pathogen-assoziierten PrP^{Sc}-Konformationen zweier Spezies. Gibt es viele gemeinsame pathogen-assoziierte Konformationen, die von den jeweiligen Prion-Proteinen zweier Spezies eingenommen werden können, ist die Speziesbarriere wenig ausgeprägt und eine Übertragbarkeit wahrscheinlich. Sind nur wenige oder keine gemeinsamen Konformationen vorhanden, führt dies zu einer ausgeprägten Speziesbarriere und die Übertragung gilt als unwahrscheinlich (Collinge *et al.* 2007).

1.5 Das Prion-Protein

Zentrales Element der Prionkrankheiten ist das körpereigen exprimierte Prion-Protein. Im folgenden Abschnitt wird die Chronologie der Entdeckung des Prion-Proteins als Erreger einer neuartigen Klasse von Erkrankungen dargestellt, die zur Postulierung der Prion-Hypothese führte.

1.5.1 Die Prionhypothese

Erste Hypothesen zur Übertragbarkeit von Scrapie und Kuru basierten auf der Annahme, dass es sich bei dem Erreger um ein Virus handelt, der eine sehr lange Inkubationszeit aufweist. Die so entstandene „slow virus hypothesis" besagt, dass es sich bei dem Erreger von Scrapie um ein unkonventionelles Virus oder virusähnliches Partikel handelt, da nicht alle Eigenschaften des Erregers mit bekannten viralen Infektionen in Einklang zu bringen waren (Diringer et al. 1994). Das Virus müsse von einer extrem robusten Kapsel geschützt werden, welche eine große Resistenz des Erregers ermöglichte. Die Verfechter der Virushypothese schlossen, dass die Eigenschaften des Erregers nur durch das Vorhandensein von DNA oder RNA als genetisches Trägermaterial erklärt werden könne. Die Proteinaggregate, die im ZNS von erkrankten Individuen nachweisbar sind, wurden als Sekundärprodukte der Krankheit oder als Hülle der Nukleinsäuren interpretiert. Die Erkenntnis, dass PrP-Knockout Tiere keine Suszeptibilität gegenüber dem Scrapie Erreger zeigten, wurde als Hinweis darauf verstanden, dass PrP als Rezeptor des Virus dient. Eine für Scrapie verantwortliche Nukleinsäuren konnte jedoch bis heute nicht gefunden werden (Riesner 2007).

Die ersten Hinweise dafür, dass es sich bei dem Erreger von Scrapie nicht um eine Nukleinsäure handelt, entstanden aus Versuchen mit ultravioletter und ionisierender Strahlung. Im Vergleich mit anderen Erregern, die Nukleinsäure als genetisches Trägermaterial verwendeten, zeigte sich beim Scrapie-Erreger keine Verminderung der Infektiosität (Alper 1985).

Diese Ergebnisse wurden durch die Prusiner Gruppe, an gereinigtem Scrapie-Erreger wiederholt und bestätigt. Auch konnte gezeigt werden, dass die Eigenschaften des Scrapie-Erregers nicht durch UV-Strahlung beeinflusst werden konnten (Bellinger-Kawahara *et al.* 1987). Weitere Methoden wurden angewandt, um die Erregergruppe einzugrenzen bzw. Nukleinsäuren auszuschließen, dazu zählen unter anderem Hydrolyse, chemische Modifizierung, Denaturierung, Behandlung mit RNAse/DNAse sowie proteolytischer Verdau (Prusiner *et al.* 1981; Bellinger-Kawahara *et al.* 1987). Alle Studien deuteten auf eine proteinöse Zusammensetzung des Erregers hin.

Daraufhin postulierte Prusiner die „protein-only"-Hypothese, die besagte, dass das infektiöse Agens der Prionkrankheiten ausschließlich aus Protein besteht (Prusiner 1982). Um den neuen Erreger von anderen Erregerklassen abzugrenzen prägte Prusiner in Anlehnung an Virion den Begriff „prion" aus dem englischen „**p**roteinaceous **i**nfectious particle".

Wenig später wurde das Protein identifiziert, das den Hauptbestandteil des infektiösen Agens ausmachte. Dieses Protein wurde dementsprechend als „Prion-Protein" (PrP) benannt. Durch eine Teilsequenzierung des Prion-Proteins und die daraus resultierende Nukleotidsequenz konnten DNA-Sonden entwickelt werden, mit denen das Gen des PrP lokalisiert werden konnte. Durch den Einsatz der DNA-Sonden konnte gezeigt werden, dass es sich um ein körpereigenes Protein handeln muss, da es in allen zu dieser Zeit sequenzierten Genomen von Säugetieren zu finden war, ohne dass diese Symptome einer Erkrankung zeigten. Da das PrP, dass in dem infektiösen Agens gefunden wurde, zudem noch resistent gegen proteolytischen Abbau war, wurde angenommen, dass PrP in zwei Isoformen existiert – einer normalen Isoform PrP^C und einer pathogen-assoziierten Isoform PrP^{Sc}.

Weitere Versuche mit dem gereinigten Erreger zeigten, dass Nukleinsäuren als möglicher Erreger als zunehmend unwahrscheinlich erschienen (Kellings *et al.* 1993; Riesner *et al.* 1993; Kellings *et al.* 1994; Safar *et al.* 2005). Durch die

Erzeugung von Knockout-Tieren, die kein PrP-Gen (*PRNP*) und somit auch kein PrP enthielten, wurde gezeigt, dass diese Tiere nicht infizierbar waren (Bueler *et al.* 1993). Somit war das Vorhandensein des körpereigenen Proteins für die Entstehung der Krankheit unerlässlich. Der Beweis der „protein-only"-Hypothese gelang durch Versuche mit rekombinantem Prion-Protein, welches in fibrillärer Form in Versuchstiere injiziert wurde und eine Prionkrankheit auslöste (Legname *et al.* 2004). Der so erzeugte Erreger wies jedoch eine geringe Infektiosität auf und eine Krankheit trat nur auf, wenn PrP-überexprimierende Tiere verwendet wurden. Durch modifizierte Folgeexperimente konnte die Infektiosität erhöht werden und auch in wildtyp-Mäusen eine Prionkrankheit ausgelöst werden (Wang *et al.* 2010; Colby *et al.* 2011).

1.5.2 Nomenklatur

Innerhalb der wissenschaftlichen Fachliteratur treten ein Vielzahl von Abkürzungen, Präfixe, Indizes, Nummerierungen und Bezeichnungen in Bezug auf PrP auf. Im Laufe der Forschung auf dem Gebiet der Prionkrankheiten hat sich eine allgemein akzeptierte Nomenklatur etabliert.

Eine der am häufigsten verwendeten Indizes für PrP unterscheidet die zelluläre Isoform des Proteins PrP^C, „C" für engl. „cellular", und ihre pathogen-assoziierte Isoform PrP^{Sc}, „Sc" für „Scrapie", die Prionkrankheit der Schafe. Das für PrP verwendete Präfix „rec" (engl. „recombinant") verdeutlich die Herkunft aus einem rekombinant erzeugten Organismus (z.B.: *E. coli*) und verdeutlicht den Unterschied zu PrP, welches in Organismen exprimiert wurde, in denen es natürlich vorkommt.

Um die Sequenzspezifität der Prion-Proteine verschiedener Spezies zu verdeutlichen, wird dem PrP meist die abgekürzte englische oder lateinische Bezeichnung seiner Spezies vorangestellt. In dieser Arbeit finden unter anderem die Abkürzungen der Spezies Goldhamster (engl. „*Syrian Hamster*"; shaPrP), Hausmaus (engl. „mouse"; moPrP); Schaf („*ovis*"; ovPrP); Rind („*bos, bovini*";

bovPrP); Hirsch („*cervidae*"; cerPrP) und Mensch („*humanus*"; huPrP) Verwendung.

Eine dem PrP nachgestellte Zahlenangabe verweist in den meisten Fällen auf den Teil der Proteinsequenz, der in dem jeweiligen Konstrukt beinhaltet ist. Die Sequenz 23-231 entspricht dem humanen PrP, welches nach der Prozessierung in der Zellemembran verankert und auch als „Volllänge" bezeichnet wird. Die „verkürzte" Form, im humanen Fall als PrP 90-231 bezeichnet, entspricht dem Sequenzbereich von PrP^{Sc}, der gegen die proteolytische Behandlung mit Proteinase K (PK) resistent ist.

Ein Sonderfall stellt hier das PrP^{27-30} dar, hier handelt es sich nicht um die Angabe eines Sequenzbereichs, vielmehr wird hier auf das Molekulargewicht Bezug genommen. Wird aus Hirngewebe präpariertes shaPrP gelelektrophoretisch aufgetrennt, lassen sich drei Banden des Prion-Proteins nachweisen, welche den unterschiedlichen Möglichkeiten der Glykosylierung zuzuordnen sind (un-, mono oder diglycosylsiert). Das PrP^{27-30} entspricht dem diglycosylierten PrP, dessen Bande sich über den Molekulargewichtsbereich von 27-30 kDa verteilt.

1.5.3 PrP^{C} – die zelluläre Form des Prion-Proteins

PrP^{C}, die zelluläre Form des Prion-Proteins (PrP), wird in Menschen, anderen Säugern, Vögeln, Reptilien und Fischen exprimiert (Abbildung 11). PrP ist ein ubiquitär exprimiertes Protein, welches in fast allen Geweben vorkommt, jedoch vermehrt in neuronalem Gewebe exprimiert wird (Kretzschmar *et al.* 1986; Bendheim *et al.* 1992). Die unprozessierte, humane Form besitzt 253 Aminosäuren und wird, aufgrund einer N-terminalen 22 Aminosäuren umfassenden Signalsequenz, während der Translation in das Lumen des endoplasmatischen Retikulums (ER) sekretiert. Im ER wird am Carboxyterminus des PrP ein Glycosylphosphatidylinositol-Anker (GPI) angehängt, durch den das 33-35 kDa schwere Protein extrazellulär in der Plasmamembran verankert wird (Harris 1999). N-Terminal befindet sich eine 5-

fach wiederholte Sequenz von acht Aminosäuren, die als „Oktarepeat" bezeichnet wird (AS53-90) und als kupferbindend beschrieben wird. Des Weiteren ist PrP mit zwei N-ständigen Glykosylierungen (N180 und N197) versehen (Aguzzi et al. 2008). Die Sekundärstrukturmotive der humanen, murinen, bovinen und ovinen Variante sind sehr ähnlich. Die Sekundärstruktur des Proteins umfasst ca. 42% α-Helices und 3% β-Faltblatt (Pan et al. 1993; Safar et al. 1993). Mittels NMR-Spektroskopie wurde eine genauere Analyse der Sekundärstruktur durchgeführt, die ergab, dass recPrP aus drei α-Helices (AS144-153; AS172-189; AS200-223) und einem antiparallelen β-Faltblatt, welches die erste Helix flankiert, aufgebaut ist. Eine flexible Loop-Region befindet sich zwischen dem zweiten Teil des β-Faltblattes und der dritten Helix (Riek et al. 1996; Donne et al. 1997). Seine tertiäre Struktur wird über eine Schwefelbrücke zwischen den Cysteinen 179 und 214 stabilisiert. Der Bereich von AS23-128 wird als flexibler N-Terminus beschrieben (Zahn et al. 2000).

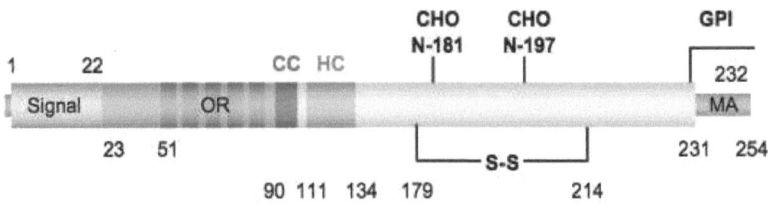

Abbildung 11 – Schematische Darstellung von PrP^C
Die schematische Darstellung zeigt wichtige Sequenzbereiche des PrP^C, darunter die N-terminale Signalsequenz (Signal; AS1-22), die Oktarepeat-Region (OR), Sequenzbereiche geladener AS (CC), den hydrophoben Kern (HC), die Schwefelbrücke (C179-C214), die N-ständigen Glykosylierungen (N181 und N197) sowie den GPI-Anker (GPI; AS231). Abbildung verändert nach (Aguzzi et al. 2009).

1.5.4 PrP^{Sc} – die pathogen-assoziierte Form des Prion-Proteins

Die pathogen-assoziierte Form des Prion-Proteins, PrP^{Sc} („Sc" für „scrapie"), besitzt die im Vergleich zu PrP^C identische Primärstruktur. Die Unterschiede zwischen PrP^C und PrP^{Sc} liegen in den biochemischen Eigenschaften, der Sekundär- und Tertiärstruktur (Tabelle 3).

Im Vergleich zu PrP^C liegt PrP^{Sc} in aggregierter Form vor und ist unlöslich. Die proteolytische Behandlung mittels Proteinase K (PK) von aus neuronalem Gewebe präparierten PrP^{Sc} führt zum Abbau des flexiblen N-Terminus. Es resultiert ein PK-resistenter C-terminaler Sequenzbereich (McKinley *et al.* 1983). Diese verkürzte Form wird auch als PrP^{27-30} bezeichnet und bildet kurze amyloide Stäbchen, die als „prion rods" bezeichnet werden. Im Vergleich zu unbehandeltem PrP^{Sc} weist PrP^{27-30} die gleiche Infektiosität auf (Prusiner *et al.* 1983). Auch bei dem Vergleich der Sekundärstruktur von PrP^C und PrP^{Sc} werden weitere Unterschiede deutlich. Im Gegensatz zu PrP^C, bei dem der α-helikale Anteil dominiert, weist PrP^{Sc} eine β-Faltblatt dominierte Sekundärstruktur auf (Pan *et al.* 1993).

Tabelle 3 – Vergleich der biochemischen Eigenschaften von PrP^C und PrP^{Sc}

Eigenschaft	PrP^C	PrP^{Sc}
Sekundärstruktur	hauptsächlich α-helikal	hauptsächlich β-Faltblatt
Infektiosität	nicht infektiös	infektiös
Proteolytische Resistenz	keine PK-Resistenz	C-terminale Resistenz
Löslichkeit	löslich (in milden Detergenzien)	unlöslich
Oligomerisierungsgrad	monomer	oligomer / aggregiert

Die Fibrillenstruktur des Prion-Proteins ist bis heute nicht vollständig geklärt, jedoch wurden einige Modelle postuliert (Abbildung 12). Zum einen wurde eine linksgängige β-Helix vorgestellt die auf der elektronmikroskopischen Analyse von 2D-Kristallen beruht (Govaerts *et al.* 2004). Ein weiteres Modell postuliert eine β-Spirale und beruht auf einer Simulation mittels „molecular dynamics", die als Ausgangsstruktur die NMR-Struktur von shaPrP verwendete (DeMarco *et al.* 2004). Ein drittes Strukturmodell, welches auf Wasserstoff-Deuterium-Austausch-Experimenten basiert, weist gestapelte parallele β-Faltblätter auf, deren Seitenketten exakt aufeinander (engl. „in register") liegen (Cobb *et al.* 2007).

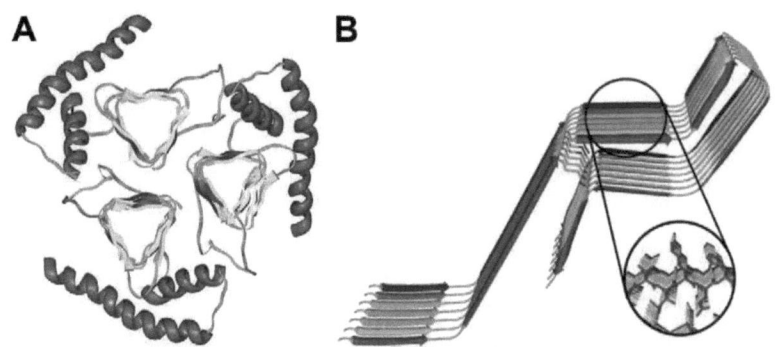

Abbildung 12 – Strukturmodelle von PrP^{Sc}
Die Abbildung zeigt zwei mögliche Strukturmodelle von PrP^{Sc}. (A) linksgängige β-Helix. (B) „in register" gestapelte parallele β-Faltblätter. Abbildung verändert nach (Govaerts et al. 2004; Cobb et al. 2007).

1.5.5 Physiologische Funktion des Prion-Proteins

Obwohl PrP genetisch betrachtet hochkonserviert vorliegt, ist seine Funktion derzeit noch nicht vollständig geklärt und Gegenstand intensiver Forschung. Der folgende Abschnitt beschreibt einige der in den letzten Jahren postulierten Hypothesen zu Funktion des zellulären Prion-Proteins.

In neuronalem Gewebe ist PrP^C vermehrt an prä-synaptischen Membranen zu finden. Hier befindet sich PrP^C, so wie andere GPI-verankerte Proteine, in Domänen, die reich an Sphingolipiden und Cholesterol sind („lipid rafts"). Dies deutet auf eine Beteiligung an neuronaler Reizweiterleitung oder Erregbarkeit hin (Taylor et al. 2006).

Die Affinität zu Kupferionen deutet auf eine Funktion des PrP bei Transport und Homöostase von Kupfer hin. Als kupferbindende Domäne wurde eine N-terminale Region („Oktarepeat") bestimmt, die im Bereich von AS30-90 liegt. Diese Domäne liegt je nach Spezies vier- bis fünffach wiederholt vor. Die gesamte Region kann vier Cu^{2+} Ionen binden und ist unter Säugern stark konserviert, was eine funktionale Bedeutung weiter unterstreicht. Die Affinität liegt im niedrigen mikromolaren Bereich und entspricht damit grob den physiologisch vorkommenden Kupferkonzentrationen (Herms 2007; Davies et al. 2008).

Eine ebenfalls postulierte Funktion spricht PrP^C eine neuroprotektive Rolle zu. Versuche an PrP-defizienten Zellen zeigen ein erhöhte Sensitivität gegenüber reaktiven Sauerstoffspezies (engl. „reactive oxygen species"; ROS) (Brown *et al.* 1997). PrP-defiziente humane neuronale Zelllinien zeigten sich ebenfalls anfällig gegenüber Apoptose (Bounhar *et al.* 2001). Auch eine Funktion als Superoxid-Dismutase (SOD) wurde vorgeschlagen. Dem Immunoprezipitat von PrP aus Hirngewebe der Maus wurde 10-15% der *in vivo* vorkommenden SOD Aktivität zugesprochen. Die SOD-Aktivität zeigte zudem eine Kupferabhängigkeit (Herms 2007). Eine Vielzahl von Studien befasst sich darüber hinaus mit einer möglichen Funktion von PrP in Bezug auf Synapsen (Colling *et al.* 1996; Herms *et al.* 2001; Aguzzi *et al.* 2008).

1.5.6 Replikationsmodelle des Prion-Proteins

Um die Eigenschaften des neuartigen Erregertypen zu erklären, mussten Modelle gefunden werden, die der „protein-only"-Hypothese entsprachen. Prusiner zufolge sollten Prionen in der Lage sein, sich ohne Nukleinsäuren zu vermehren. Eine Umfaltung von PrP^C in die pathogen-assoziierte Form PrP^{Sc} sollte einzig durch die Interaktion mit dem Prion erfolgen. Zu den Modellen, die versuchen den Replikationsmechanismus zu erklären, zählt das Heterodimer-Modell (Cohen *et al.* 1994), das kooperative Prusiner Modell (Eigen 1996) sowie ein Modell welches eine lineare Kristallisation vorschlägt (Jarrett *et al.* 1993). Nach dem Heterodimer-Modell findet eine autokatalytische Umfaltung von PrP^C zu PrP^{Sc} statt, indem sich ein Heterodimer aus PrP^C und PrP^{Sc} formiert, was zu einer Umfaltung des PrP^C führt. Die spontane Umfaltung von PrP^C zu PrP^{Sc} müsste dabei extrem langsam ablaufen, da es sonst auch ohne eine Infektion zum einem gehäuften Auftreten der Krankheit kommen müsste. Um allerdings eine Infektion zu ermöglichen, müsste der konvertierende Effekt von PrP^{Sc} ungewöhnlich hoch sein. Daher schlug Eigen das sogenannte kooperative

Prusiner Modell vor, welches besagt, dass mehrere PrP^{Sc}-Moleküle benötigt werden, um ein PrP^C umzufalten. Dadurch wäre der konvertierende Effekt des einzelnen PrP^{Sc} niedriger und die spontane Umfaltung von PrP^C zu PrP^{Sc} ist langsam genug, um nicht ohne eine Infektion zu einer Häufung der Krankheit zu führen.

Das Modell der linearen Kristallisation bzw. der keiminduzierten Polymerisation sieht vor, dass PrP^C im Gleichgewicht mit einer PrP-Konformation steht, die in der Lage ist Aggregate zu bilden. Mit steigender Anzahl der Moleküle aus denen ein Aggregate besteht, sinkt seine Konzentration, sodass größere Aggregate seltener vorkommen als kleine Aggregate. Sind genügend Moleküle in einem Aggregats vorhanden, entsteht ein Nukleationskeim (PrP^{Sc}) der in der Lage ist, weitere Aggregate schneller zu bilden als diese dissoziieren. Im spontanen Fall würde dieser Prozess vergleichsweise selten auftreten, da die Bildung des Nukleationskeims sehr langsam abläuft (Abbildung 13). Im infektiösen Fall wäre der Nukleus schon vorhanden und die Bildung neuer Aggregaten würde unmittelbar beginnen.

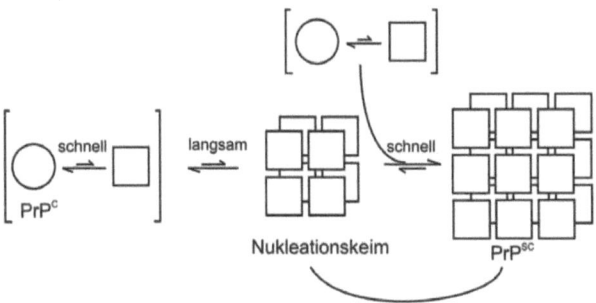

Abbildung 13 – Modell der keiminduzierten Polymerisation
PrP^C (○) steht im Gleichgewicht mit einer PrP-Konformation (■), die in der Lage ist Aggregate zu bilden. Ein Nukleationskeim (PrP^{Sc}) entsteht erst, wenn das Aggregat eine bestimmte Größe erreicht hat, sodass neue Aggregate schneller rekrutiert werden können als diese dissoziieren. Abbildung nach (Jarrett et al. 1993)

In vitro kann das Modell der keiminduzierten Polymerisation anhand der Aggregationskinetik eines amyloiden Proteins verdeutlicht werden. Die Aggregation eines amyloiden Proteins kann mit Hilfe eines amyloid-spezifischen Fluoreszenzfarbstoffs verfolgt werden, indem die Fluoreszenz entsprechend der Spezifikationen des an Amyloide gebundenen Farbstoffs gemessen wird. In der Regel folgt die Aggregationskinetik dabei einem typischen sigmoiden Verlauf (Abbildung 14). Zunächst ist keine Erhöhung der Fluoreszenzintensität erkennbar, bis zu dem Zeitpunkt an dem sich ein Nukleationskeim gebildet hat (Lag-Phase). Nach Bildung der ersten stabilen Nukleationskeime beginnen sich amyloide Aggregate zu bilden, an die der Fluoreszenzfarbstoff bindet, was zu einer Erhöhung der Fluoreszenzintensität führt. Durch das Zerbrechen größere Aggregate bilden sich stetig weitere Nukleationskeime, was zu einem exponentiellen Anstieg der Fluoreszenzintensität führt. Die exponentielle Phase mündet in eine Plateau-Phase in der die Fluoreszenzintensität konstant bleibt, da keine Monomere mehr vorhanden sind. Durch die Zugabe eines Keims (Abbildung 14; „seed";) kann die Lag-Phase der Aggregationskinetik deutlich verkürzt werden (Biancalana *et al.* 2010).

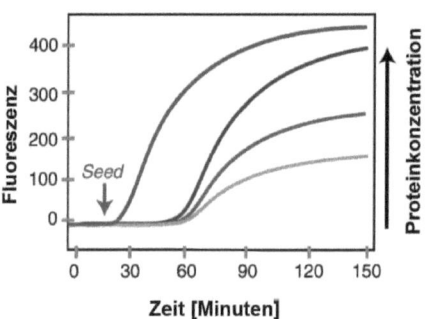

Abbildung 14 – Aggregationskinetik der spontanen und keiminduzierten Aggregation
Durch die Messung der Fluoreszenzintensität eines amyloid-spezifischen Fluoreszenzfarbstoffs kann die Aggregation eines amyloiden Proteins nachgewiesen werden. Die Aggregationskinetik weist einen sigmoiden Verlauf auf, der in Lag-Phase, exponentielle Phase und Plateau-Phase eingeteilt wird. Die Zugabe eines Aggregationskeims kann die Lag-Phase der Aggregationskinetik verkürzen. Abbildung verändert nach (Biancalana *et al.* 2010).

1.6 *In vitro* Konversionssysteme des Prion-Proteins

In vitro Konversionssysteme stellen eine schnelle und kostengünstige Methode dar, um Proteinfehlfaltungserkrankungen und die ihnen zugrunde liegenden

Einleitung 37

Aggregationsmechanismen zu erforschen. Dabei sollen die Charakteristika von PrP^C und PrP^{Sc} wie z.B. Konformation, Aggregationszustand und PK-Resistenz nachgestellt werden. Die Vorteile von *in vitro* Systemen werden vor allem im Vergleich mit eukaryotischen Zellsystemen oder Studien an lebenden Tieren deutlich. Die Untersuchung der Aggregation des PrP in Versuchstieren, wie z.b. Hamstern oder Mäusen, ermöglicht die Untersuchung von PrP unter natürlichen Bedingungen. Im Vergleich zu *in vitro* Systemen sind Kosten und Aufwand aber um ein Vielfaches höher. Für die Analyse der PrP-Konversion auf molekularer Ebene sind *in vitro* Konversionssysteme von Vorteil, da nur wenige Komponenten benötigt werden, um die Proteinaggregation untersuchen zu können. Idealerweise führt die konstante Agitation des zu untersuchenden Proteins in einem physiologischen Puffersystem zur Ausbildung amyloider Fibrillen. Durch die Zugabe eines Fluoreszenzfarbstoffs, der spezifisch an amyloide Fibrillen bindet, kann die Aggregation des Proteins in entsprechenden Geräten fluoreszenzspektrometrisch analysiert werden. Mit Hilfe dieser Methode ist auch die Untersuchung des Einflusses verschiedener Co-Faktoren auf die Aggregation des Proteins möglich.

Im Feld der Prion-Forschung wurde eine Vielzahl von Aggregationssystemen zur Erforschung der Aggregationsmechanismus des PrP entwickelt und angewandt. Dazu zählen unter anderem das Guanidinium-Urea-System (Baskakov 2004), die PMCA-Methode („Protein-Misfolding-Cyclic-Amplification") (Saborio *et al.* 2001), der QUIC-Assay („Quaking-Induced-Conversion-Assay") (Atarashi *et al.* 2008) sowie das in dieser Arbeit verwendete SDS-basierte *in vitro* Konversionssystem (Riesner *et al.* 1996; Post *et al.* 1998; Leffers *et al.* 2005).

1.6.1 Guanidinium-Urea-System

Ein häufig verwendetes *in vitro* Konversionssysteme auf dem Gebiet der Prionforschung ist das Guanidinium-Urea-System (Baskakov 2004). Um die Konversion von recPrP in die PrP^{Sc}-Form zu beschleunigen, werden die denaturierenden Reagenzien Guanidiniumchlorid (1M) und Urea (2-3M) eingesetzt. Auf der Basis von schwach saurem Puffer (Natriumacetat pH 5) können durch Agitation bei 37 °C innerhalb weniger Tage amyloide recPrP-Fibrillen erzeugt werden. Mit Hilfe dieses System konnte Infektiosität aus recPrP erzeugt werden. Die recPrP-Fibrillen wurden intrazerebral in PrP überexprimierende Mäuse injiziert und lösten dort eine neurodegenerative Krankheiten aus (Legname *et al.* 2004; Colby *et al.* 2009). In einer weiteren Studie konnte gezeigt werden, dass recPrP-Fibrillen durch einmaliges Passagieren in Hamstern eine neurodegenerative Krankheit in Wildtyp-Hamstern auslösen können (Makarava *et al.* 2010).

1.6.2 Protein-Misfolding-Cyclic-Amplification

Protein-Misfolding-Cyclic-Amplification (PMCA) stellt eine Methode dar, um PK-resistentes PrP zu amplifizieren. Bei PMCA wird Hirnhomogenat von an einer Prionkrankheit Erkrankten mit dem von nicht erkrankten Individuen gemischt und einer zyklischen Behandlung mit Ultraschall unterzogen. Anschießend werden die Ansätze zu verschiedenen Zeitpunkten auf die Menge an PK-resistentem PrP analysiert (Saborio *et al.* 2001).
Mit Hilfe von PMCA ist es möglich sehr geringe Titer an Infektiosität nachzuweisen. Eine Problematik dieser Methode besteht darin, dass PK-resistentes PrP auch *de novo* erzeugt werden kann, was somit zu falsch positiven Ergebnissen führen kann. Des Weiteren wird Hirnhomogenat eingesetzt, sodass eine Analyse des Einflusses einzelner Co-Faktoren nicht möglich ist. Um dem zu entgehen wurde PMCA mit gereinigtem PrP^C bzw. auf Basis von recPrP entwickelt. Hier konnte die Amplifikation von infektiösem PrP^{Sc} durch die Zugabe von synthetischen Polyanionen oder Lipiden untersucht werden (Supattapone 2010; Wang *et al.* 2010).

Einleitung   39

1.6.3 Quaking-Induced-Conversion-Assay

Der „Quaking-Induced-Conversion-Assay" (QUIC) ersetzt das bei der PMCA verwendete Hirnhomogenat durch recPrP. Statt der Behandlung mit Ultraschall wird eine konstante Agitation der Ansätze eingesetzt (Atarashi *et al.* 2008). Mit Hilfe des QUIC-Assays konnten CSF-Proben des Menschen, die von CJD-Patienten stammten, von CJD-negativen Proben unterschieden werden, ohne dass dabei falsch-positive Ergebnisse erzeugt wurden (Atarashi *et al.* 2011). Durch die Zugabe eines für amyloide Fibrillen spezifischen Fluoreszenzfarbstoffs konnte im QUIC-Assay eine Bildung amyloider Aggregate in Echtzeit beobachtet werden. Diese Methode wird als „real time"-QUIC (rtQUIC) bezeichnet (Wilham *et al.* 2010).

1.6.4 SDS-basiertes *in vitro* Konversionssystem

Das in unserer Arbeitsgruppe etablierte *in vitro* Konversionssystem nutzt Natriumphosphat als physiologisches Puffersystem und basiert auf dem Einsatz von geringen Konzentrationen des anionische Detergenz Natriumdodecylsulfat (SDS) (Riesner *et al.* 1996; Post *et al.* 1998). SDS, das in den eingesetzten Konzentrationsbereich von 0,1-0,02% SDS, in der Lage ist, die PrP-Struktur zu verändern, wird in chemischer Hinsicht als membranähnlich beschrieben, da es Mizellen ausbilden kann. Erste Versuche mit recPrP im SDS-System zeigten, dass durch eine Senkung der SDS-Konzentration von 0,2% auf 0,005% mehrere reversible Konformationsübergänge des recPrP beobachtet werden konnten. Ein Übergang von α-helikaler zu β-Faltblatt-reicher Sekundärstruktur konnten gezeigt werden. Infektiosität oder eine fibrilläre Struktur konnten nicht nachgewiesen werden (Post *et al.* 1998). In Folgearbeiten wurde das SDS-System durch die Zugabe von Natriumchlorid (NaCl) optimiert, so dass eine Bildung von amyloiden Fibrillen analysiert werden konnte. Zunächst wurde hierfür solubilisiertes natürliches PrP$^{27-30}$ oder natürliches shaPrP^C verwendet (Leffers *et al.* 2005), in späteren Versuchen wurde das System auf recPrP der Spezies Hamster (shaPrP) übertragen. Die

Infektiosität der Fibrillen wurde in Tierversuchen untersucht, innerhalb von 500 Tagen zeigte sich jedoch kein Erkrankung der Tiere.

Die Übertragung des Systems auf recPrP ermöglichte eine genauere Charakterisierung der Fibrillogenese und deren Zwischenstufen. Für shaPrP konnte gezeigt werden, dass es in 0,1% SDS und 250 mM NaCl als lösliches Monomer mit einer α-helikalen Sekundärstruktur vorliegt. Wird die SDS-Konzentration auf 0,01% verdünnt kann ein Übergang zu einem α-helikal dominierten Dimer beobachtet werden. Für recPrP anderer Spezies konnte hier auch eine β-Faltblatt-reiche Sekundärstruktur gezeigt werden (Panza *et al.* 2008; Stohr *et al.* 2008; Panza *et al.* 2010). Wird das shaPrP unter diesen Bedingungen bei 37 °C geschüttelt bilden sich nach mehrere Wochen spontan amyloide Fibrillen (Abbildung 15) (Stohr *et al.* 2008).

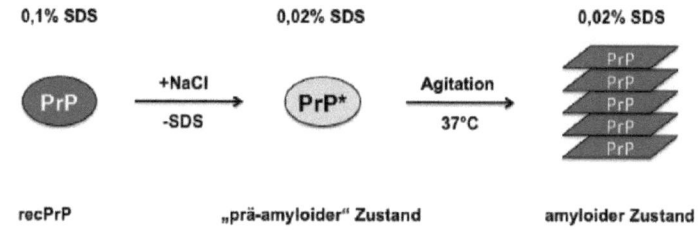

Abbildung 15 – Schematische Darstellung des SDS-Systems unter Verwendung von shaPrP
In 0,1% SDS liegt das shaPrP als α-helikales Monomer vor. Durch die Zugabe von NaCl und das Verdünnen des SDS auf 0,02% bildet sich der prä-amyloide Zustand, der durch eine α-helikal dominierte Sekundärstruktur und ein Monomer-Dimer-Gleichgewicht charakterisiert ist. Unter Agitation bei 37°C bilden sich nach einigen Wochen amyloide Fibrillen.

Die Verwendung von recPrP vereinfachte die Untersuchung von recPrP verschiedener Spezies enorm. Bei vergleichenden Untersuchungen von recPrP verschiedener Spezies wurde deutlich, dass sich die SDS-Konzentration bei der sich amyloide Fibrillen ausbilden unterschied. Daher musste die SDS-Konzentration bei der sich amyloide Fibrillen ausbilden für recPrP anderer Spezies bestimmt werden (Tabelle 4). Der Zustand des jeweiligen recPrP, der sich durch ein Monomer-Dimer-Gleichgewicht auszeichnet und zu einer späteren Fibrillenbildung führte, wurde als „prä-amyloid" („pre-amyloid state") definiert. In Bezug auf die zugrundeliegende Erkrankung stellen diese Versuche die spontane Ätiologie von Prionkrankheiten dar, da hier Fibrillen *de novo* erzeugt werden.

Tabelle 4 – SDS-Konzentration bei der sich der prä-amyloiden Zustand des recPrP verschiedener Spezies ausbildet

Spezies	Protein	Sequenz	SDS-Konzentration
Hamster	solubilisiertes PrP$^{27-30}$	90-231	0,01%
Hamster	recPrP	90-231	0,03%
Hamster	recPrP	23-231	0,03%
Hamster	CHO-PrP^C	23-231	0,01%
Schaf	recPrP	25-233	0,02%
Rind	recPrP	25-241	0,02%
Mensch	recPrP	23-231	0,02%

Quellen (Leffers *et al.* 2005; Panza *et al.* 2008; Stohr *et al.* 2008; Luers 2009; Panza *et al.* 2010)

Um die infektiöse Ätiologie der Prionkrankheiten *in vitro* nachzustellen, wurde versucht die Fibrillenbildung durch Zugabe eines infektiösen Keims zu beschleunigen bzw. zu „seeden" (engl. für „sähen" oder „keimen"). Dies gelang zunächst mit rekombinantem shaPrP, das mit einem Prion-Keim kombiniert wurde, der durch eine Phosphorwolframsäure-Fällung (PTA-Fällung) aus dem Hirngewebe von Prion-infizierten Hamstern präpariert wurde (Stohr *et al.* 2008). Im Vergleich zu der *de novo* Fibrillogenese zeigte sich bei der keiminduzierten Fibrillogenese eine deutlich verkürzte Lag-Phase. Das als Kontrolle eingesetzte Präzipitat aus Hirnhomogenaten gesunder Hamsterhirne zeigte keinen Effekt. Aus diesen ersten Versuchen in einem homologen System (Prion-Keim aus Hamstern in shaPrP) entstanden weiterführende Versuche, welche die Beschleunigung der Fibrillogenese durch Keime aus verschiedenen Spezies in recPrP entsprechend der PrP-Sequenz anderer Spezies untersuchte (Panza *et al.* 2008). Derartige Versuche ermöglichten die experimentelle Untersuchung des bei Prionkrankheiten auftretenden Phänomens der Speziesbarriere. RecPrP einer

Spezies wurde mit PTA-gefälltem Hirngewebe einer anderen Spezies kombiniert. Die Beschleunigung der Fibrillogenese bzw. eine, im Vergleich zu einem entsprechenden *de novo* Ansatzes, verkürzte Lag-Phase, wurde als eine gering ausgeprägte Speziesbarriere interpretiert. Wenn im Gegenzug kein Beschleunigung der Fibrillogenese auftrat, wurde dies als eine ausgeprägte Speziesbarriere interpretiert.

Bei der Anwendung dieser Methode auf die Spezies Hamster, Maus, Rind und Schaf konnte *in vitro* gezeigt werden, dass die Speziesbarriere zwischen Schaf und Hamster, Schaf und Rind, Hamster und Schaf, Hamster und Rind sowie Rind und Schaf nur gering ausgeprägt ist. Eine ausgeprägte Speziesbarriere konnte hingegen zwischen den Spezies Rind und Hamster sowie Hamster und Maus gezeigt werden. Im Vergleich zu Studien die auf Tierversuchen beruhen, die zumindest teilweise auch transgene Tiere umfassten, zeigte sich, dass das SDS-basiertes *in vitro* System die natürlichen Gegebenheiten vollständig wiederspiegelte (Panza *et al.* 2010).

Einleitung 43

1.7 Fragestellung

Die Aggregation des Prion-Proteins (PrP) ist ein wichtiges Merkmal der Prionkrankheiten, bei denen PrP-Ablagerungen im ZNS erkrankter Individuen nachweisbar sind. Prionkrankheiten sind nicht nur innerhalb einer Spezies übertragbar, sondern können auch zwischen einigen Spezies über die Artgrenze übertragen werden. Bei der interspezifischen Übertragung kann zwischen einigen Spezies eine ausgeprägte Speziesbarriere beobachtet werden. Dies äußert sich bei experimentellen Studien zur Übertragbarkeit z.B. in verlängerten Inkubationszeiten oder dadurch, dass nicht alle oder sogar keines der Versuchstiere eine Prionkrankheit entwickelt. Zwischen anderen Spezies kann die Speziesbarriere eine geringe Ausprägung aufweisen, sodass die Inkubationszeiten denen einer intraspezifischen Übertragung entsprechen. In vorangegangenen Arbeiten wurde ein SDS-basiertes *in vitro* Konversionssystem etabliert, dass den Mechanismus der Speziesbarriere auf molekularer Ebene durch den Einsatz der spontanen und keiminduzierten Fibrillogenese von recPrP der Spezies Hamster, Rind, Schaf und Maus eine analysierte. Aus diesen Arbeiten ist bekannt, dass die *in vivo* zu beobachtenden Übertragbarkeiten zwischen diesen Spezies mit den *in vitro* gezeigten Ergebnissen übereinstimmen.

Das Ziel dieser Arbeit war die Untersuchung des molekularen Mechanismus der Übertragbarkeit verschiedener tierischer Prionkrankheiten auf den Menschen. Dafür sollte zunächst die spontane Fibrillogenese von humanem rekombinanten PrP 90-231 (huPrP) etabliert werden. Ein Schwerpunkt war die biophysikalische Charakterisierung des prä-amyloiden Zustands des huPrP. Darüber hinaus soll durch den Vergleich der dem M129V-Polymorphismus entsprechenden Sequenzvarianten des huPrP ein möglicher Einfluss auf die Fibrillogenese untersucht werden.

Um den molekularen Mechanismus der Übertragbarkeit verschiedener tierischer Prionkrankheiten auf den Menschen zu untersuchen, sollte auf Grundlage der

Ergebnisse der spontanen Fibrillogenese das keiminduzierte *in vitro* Konversionssystem auf Basis von huPrP etabliert werden. Im Hinblick auf die Untersuchung der Speziesbarriere zwischen Tieren und Menschen ist ein wichtiger Bestandteil dieser Arbeit die Untersuchung der Übertragbarkeit von Scrapie und BSE auf den Menschen. Auf Grund der nicht eindeutigen Datenlage zur Übertragbarkeit von CWD auf den Menschen soll ebenfalls eine Analyse der Übertragbarkeit von CWD auf den Menschen erfolgen.

Zusammenfassend sollen mit Hilfe der Ergebnisse des keiminduzierten *in vitro* Konversionssystems Rückschlüsse auf den möglichen Mechanismus der Speziesbarriere der Prionkrankheiten zum Menschen getroffen werden.

Material und Methoden 45

2 Material und Methoden

Alle in dieser Arbeit verwendeten Chemikalien und Lösungen wurden bei gängigen Labormittel- oder Chemikalienherstellern gekauft und entsprechen dem Reinheitsgrad „Reinst, zur Analyse" bzw. „pro analysi". Das zum Ansetzen von Lösungen verwendete Wasser, hier als deionisiertes Wasser bzw. $H_2O_{deion.}$ bezeichnet wurde einem Reinstwassersystem (Milli-Q Ultrapure Water Purification System; MerckMillipore; Billerica; USA) entnommen. Die frisch angesetzten Lösungen wurden zusätzlich mit Hilfe eines 0,2 µm Filters steril filtriert.

2.1 Verwendete Einheiten

Soweit nicht anders vermerkt, entsprechen alle verwendeten Einheiten dem SI-System. Ausnahmen sind in Tabelle 5 aufgeführt.

Tabelle 5 – Übersicht der verwendeten nicht dem SI-System entsprechenden Einheiten

Einheit (Abkürzung)	Umrechnung
Molekulargewicht, Dalton (Da)	$1\ Da = 1{,}66054 \cdot 10^{-27}\ kg$
Schwerebeschleunigung (g)	$1\ g = 9{,}81\ m \cdot s^{-2}$
Enzymaktivität, Unit (U)	$1\ U = 16{,}67 \cdot 10^{-9}\ kat$

2.2 Verwendete Proteine

Bei den innerhalb dieser Arbeit verwendeten Prion-Proteinen handelt es sich um rekombinant in *E. coli* exprimiertes Prion-Protein (recPrP). Die Sequenzen der jeweiligen recPrP entsprechen den Prion-Proteinen der verwendeten Spezies. Eine detaillierte Auflistung kann Tabelle 6 entnommen werden.

Tabelle 6 – Innerhalb dieser Arbeit verwendete recPrP

Bezeichnung	Sequenzbereich	Sequenzvariante
humanes recPrP 129M	Aminosäuren 90-231	Methionin an Codon 129
humanes recPrP 129V	Aminosäuren 90-231	Valin an Codon 129
cervides recPrP	Aminosäuren 89-233	-

Im folgenden wird für das humane recPrP die Abkürzung „huPrP" ggf. unter Angabe der Sequenzvariante „129M" oder „129V" verwendet. Das cervide recPrP wird mit „cerPrP" abgekürzt. Soweit nicht anders vermerkt bezieht sich die Bezeichnung recPrP immer auf alle hier innerhalb dieser Arbeit verwendeten recPrP entsprechend den Sequenzen verschiedener Spezies.

2.3 Gelelektrophorese, Färbe- und weitere Nachweismethoden von Proteinen

2.3.1 Verwendete Chemikalien, Puffer und Lösungen

1x Auftragspuffer

    0,1 M Tris/HCl pH 6,8

    10% 2-β-Mercaptoethanol

    4% SDS

    20% Glycerin

    0,01% Bromphenolblau

Laufpuffer der Gelelektrophorese (Anode)

    0,2 M Tris HCl pH 8,9

Laufpuffer der Gelelektrophorese (Kathode)

    0,1 M Tris pH 8,25

    0,1 M Tricin

    0,1 % SDS

Färbelösung für Coomassiefärbung

    45% Ethanol

    10% Essigsäure

    0,01% Coomassie Blau (Serva Blue) R-250

TBST

    10 mM Tris/HCl pH 8,0

    150 mM NaCl

    0,01% Tween 20

Laemmli-Puffer (ohne SDS)

25 mM TrisHCl
20 mM Glycin

2.3.2 Denaturierende Polyacrylamid-Gelelektrophorese

Mit Hilfe der denaturierenden Polyacrylamid-Gelelektrophorese (SDS-PAGE) könne Proteine ihrem Molekulargewicht entsprechend getrennt werden. Es wurden 12%ige Polyacrylamid-Gele (PAA-Gele; Thermo Fisher Scientific, San Jose, USA) verwendet. Zu analysierende Proben wurden in 1x Auftragspuffer aufgenommen, für 10 Minuten bei 95 °C inkubiert und in die Taschen des Gels pipettiert. Neben den zu analysierenden Proben wurde immer ein Proteinstandard aufgetragen, der den Vergleich mit dem Molekulargewicht von bekannten Proteinen ermöglicht (PageRuler Plus prestained, Fermentas, Thermo Fisher Scientific, San Jose, USA). Die Gelelektrophorese erfolgte bei 150 V für 30 bis 60 Minuten.

2.3.3 Nachweis von Proteinen mittels Färbung mit Coomassie-Brillant-Blau

Die in dieser Arbeit verwendete Färbemethode zum Nachweis von Proteinen in einem PAA-Gel nutzt den Farbstoff Coomassie R250 (Serva Blue) der an basische Seitenketten von Proteinen bindet. Die Nachweisgrenze liegt bei ca. 0,3 bis 1 µg pro Proteinbande. Die Färbung wurde wie folgend beschrieben durchgeführt.

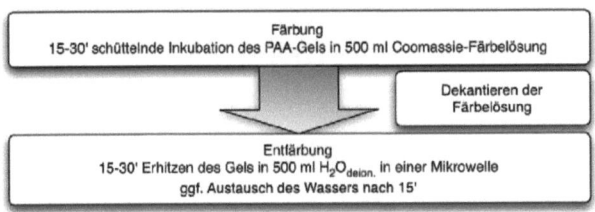

Abbildung 16 – Durchführung einer Coomassie-Färbung von PAA-Gelen

2.3.4 Western-Blot und Immunologischer Proteinnachweis

2.3.4.1 Semi-Dry Western Blot

Nach der Auftrennung mittels SDS-PAGE wurden die Proteinbanden aus der Gelmatrix des PAA-Gels auf eine Polyvinylidenfluorid-(PVDF)-Membran übertragen. Dazu wurde ein „semi-dry Western Blot" nach dem Schema in Abbildung 17 durchgeführt.

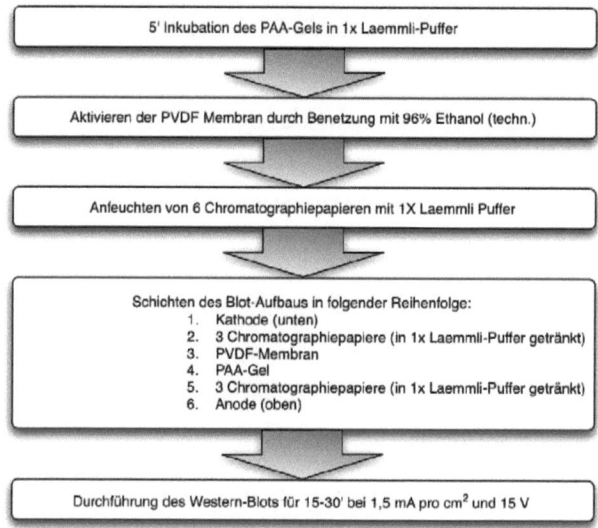

Abbildung 17 – Durchführung der Blot-Prozedur

Nach Ablauf der Blotprozedur kann die erfolgreiche Übertragung der Proteinbanden auf die PVDF Membran anhand der vorgefärbten Markerbanden überprüft werden. Es folgt der immunologische Nachweis der Proteinbanden wie in Kapitel 2.3.4.2. beschrieben.

2.3.4.2 Immunologischer Proteinnachweis

Der Nachweis eines Proteins auf einer PVDF Membran geschieht indirekt. Zunächst über die Bindung eines für das zu untersuchende Protein spezifischen Antikörpers. Dieser Antikörper ist entweder selbst an Peroxidase gekoppelt, welches eine Lumineszenzreaktion katalysiert oder er wird über einen Zweitantikörper nachgewiesen, der spezifisch für den ersten Antikörper ist und an Peroxidase gekoppelt ist. In dieser Arbeit handelt es sich bei der enzymatischen Nachweismethode um eine Chemolumineszenzreaktion. Das an den erst oder Zweitantikörper gekoppelte Enzym Peroxidase katalysiert die Oxidation von Luminol, welches in einer aufgebrachten Detektionslösung (SuperSignal West Pico, Thermo Fisher Scientific, San Jose, USA) enthalten ist. Das dabei emittierte Licht wird auf einem Chemolumineszenzfilm (Kodak Biomax XAR, Sigma Aldrich, St. Louis) detektiert und kann so einer Proteinbande zugeordnet werden.

Bevor die Detektion stattfinden kann, werden zunächst die freien Bindungsstellen der PVDF-Membran abgesättigt und Erst- sowie Zweitantikörper aufgebracht werden. Der Ablauf des immunologischen Proteinnachweises ist in Abbildung 18 aufgeführt. Bei einem enzymgekoppelten Erstantikörper entfällt die Inkubation mit einem Zweitantikörper.

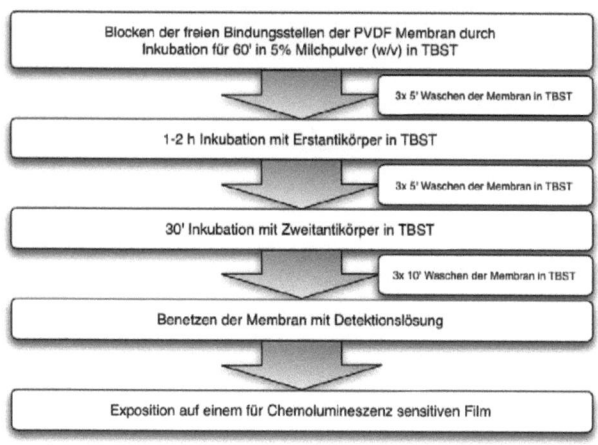

Abbildung 18 – Durchführung des immunologischen Proteinnachweises

Tabelle 7 – Innerhalb dieser Arbeit verwendete Antikörper für den immunologische Proteinnachweis

Bezeichnung	Epitop	Verdünnung	Hersteller
12F10	AS 142-160 des PrP	1:10.000	SpiBio, Montigny-le-Bretonneux, Frankreich
PentaHIS	6x Polyhistidin-Tag	1:5.000	5Prime, Boulder, USA
GaMPO	konservierte Region eines Maus-Antikörpers	1:10.000	Jackson ImmunoResearch, Baltimore, USA

2.4 Klonierung

Die DNA-Sequenzen der zu exprimierenden Prion-Proteine entstammen synthetisch erzeugten Plasmiden (pMK; Mr. Gene/Invitrogen; Carlsbad; USA). Um eine effiziente Reinigung der Proteine zu ermöglichen, wurden die Sequenzen in den Vektor pET16b (Novagen/MerckMillipore; Billerica; USA) kloniert, der dem exprimierten Protein einen N-terminalen 10x Polyhistidin-Tag mit Proteinase-Schnittstelle (Faktor Xa) für Abtrennung anhängt.

2.4.1 Verwendete Chemikalien, Puffer und Lösungen

LB-Medium

    5 g/L Hefeextrakt

    10 g/L Trypton

    10 g/L NaCl

LB-Agarplatten

    5 g/L Hefeextrakt

    10 g/L Trypton

    10 g/L NaCl

    15 g/L Agar

Material und Methoden   51

2.4.2 Präparation der DNA-Sequenzen

Da die PrP-Sequenz auf dem pMK Plasmids (nachfolgend auch als „Insert" bezeichnet) von zwei gängigen Schnittstellen für Endonukleasen umgeben war, konnte das Insert welches in den Vektor pET16b kloniert werden sollte mit Hilfe einer doppelten restriktions-endonukleatischen Behandlung (BamHI; NdeI; Fermentas; Thermo Fisher Scientific, San Jose, USA) aus dem Vektor herausgetrennt werden. Vektor und Insert wurden mit Hilfe eines 2%igen Agarosegels getrennt, die Bande die das Insert enthielt wurde aus dem Gel präpariert und das enthaltene Insert mittels eines Gel-Elutions-Kits (GeneJet Gel Extraction Kit; Thermo Fisher Scientific, San Jose, USA) präpariert. Das so gewonnene Insert mit der PrP-Sequenz konnte durch eine Ligation in den Vektor pET16b kloniert werden. Dazu wurde der linearisierte und dephosphorylierte Vektor, das zuvor präparierte Insert, eine T4-Ligase in Ligasepuffer (Fermentas; Thermo Fisher Scientific, San Jose, USA) für 24 Stunden bei 10 °C inkubiert.

Der mit dem Insert ligierte Vektor pET16b wurde durch eine Elektrotransformation in den Expressionsstamm (BL21(DE3)pLysS; Novagen/MerckMillipore; Billerica; USA) von *Escherichia coli* (*E. coli*) transformiert. Dazu wurde eine Elektroporationsküvette mit 50 µl elektrokompetenten pLysS-Zellen und dem Ligationsansatz befüllt. Nach der Elektroporation, die bei 2,5 kV durchgeführt wurde, wurden die Zellen direkt mit 1 ml LB-Medium verdünnt und für 45 Minuten bei 37 °C inkubiert, damit sich die Antibiotikaresistenz des neuen Plasmids ausbilden konnte. Anschließend wurde der Ansatz auf doppelt selektiven LB-Agarplatten (Ampicillin; Chloramphenicol) ausplattiert und diese für 24 Stunden bei 37 °C inkubiert. Eine erfolgreiche Transformation des Vektors zeigte sich bei Wachstum von *E. coli*-Kolonien. Je Proteinvariante wurden fünf Kolonien gepickt und in jeweils 5 ml doppelt selektivem LB-Medium über Nacht bei 37 °C inkubiert. Aus den Übernachtkulturen wurden unter Zuhilfenahme eines

Mini-Präparations-Kits (Thermo Fisher Scientific, San Jose, USA) das transformierte Plasmid gewonnen und per DNA-Sequenzierung auf Korrektheit der DNA-Sequenz überprüft. Klone, die eine korrekte Sequenz für das jeweilige PrP-Gen enthielten, wurden als *E. coli* Lagerungskulturen bei -80 °C im Gefrierschrank bzw. bei -196 °C in flüssigem Stickstoff gelagert.

2.5 Expression in *E. coli*

Die Expression des recPrP erfolgte in drei Schritten. Zunächst wurden die expressionsfähigen pLysS-Klone in 20 ml LB-Vorkulturen über Nacht schüttelnd bei 37 °C inkubiert. Die Vorkulturen wurden 1:100 in 2 L Expressionskulturen verdünnt und bis zu einer optischen Dichte (OD) von OD_{600} = 1,6 schüttelnd bei 37 °C inkubiert. Im dritten Schritt wurde die Expression durch die Zugabe von 1 mM Isopropyl-β-D-thiogalactopyranosid (IPTG; Thermo Fisher Scientific, San Jose, USA) induziert und für 20 Stunden bei 30 °C schüttelnd inkubiert.

Im *E. coli*-Genom ist das Gen der T7-RNA-Polymerase integrierte, welches unter der Kontrolle des *lac*-Promotors steht (DE3). IPTG ist in der Lage den *lac*-Repressor, welcher den *lac*-Promotor reprimiert, zu verdrängen und ermöglicht die Expression der T7-RNA-Polymerase. Das PrP-Gen des pET Vektors steht ebenfalls unter der Kontrolle des T7 Promotors. Durch IPTG werden nun beide Promotoren aktiviert und die Expression von PrP durch die T7-RNA-Polymerase initiiert. Darüber hinaus verfügt der pLysS Stamm noch über eine Gen für das T7-Lysozym, welches während der Wachstumsphase *E. colis* dafür sorgt, dass eine basale Expression des Zielgens vermieden wird, indem das T7-Lysozym die in kleinen Mengen vorhandene T7-RNA-Polymerase inaktiviert. Dieser Mechanismus schützt die Zellen während der Wachstumsphase vor ggf. toxischen Eigenschaften des zu exprimierenden Proteins.

Nach der Induktion lagert sich das überexprimierte PrP innerhalb der *E. coli*-Zelle in sog. „inclusion bodies" ab, deren Präparation in Kapitel 2.6 erläutert wird. Eine Lagerung der Zellen bedarf der Trennung der Zellen von ihrem

Wachstumsmedium. Dies wurde durch 15-minütige Zentrifugation bei 4000 x g erreicht. Die pelletierten Zellen wurden anschließend bei -20 °C eingefroren oder direkt weiterverarbeitet.

2.6 Aufschluss der *E. coli*-Zellen und Präparation der „inclusion bodies"

Für die Präparation der „inclusion bodies" wurden die *E. coli* Zellen zunächst aufgeschlossen werden. Der Aufschluss erfolgte durch eine „French Press". Dabei werden die Zellen unter hohem Druck durch ein enges Ventil geleitet. Durch den schnellen Druckabfall und die auftretenden Scherkräfte werden sowohl die Plasmamembranen als auch die Zellwände der Zellen zerstört. Das resultierende Zelllysat wurde einigen Wasch- und Zentrifugationsschritten unterzogen, die der Reinigung der im Lysat befindlichen „inclusion bodies" dienten. Die genauen Arbeitsschritte sind in Abbildung 19 dargestellt.

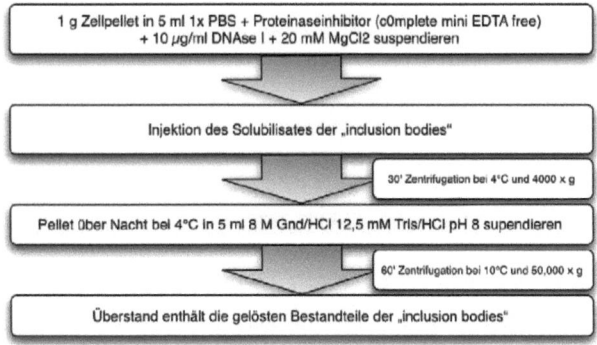

Abbildung 19 – "inclusion body"-Präparation

2.7 Chromatographische Reinigung

Die chromatographische Reinigung des recPrP umfasst die Immobilisierte-Metallionen-Affinitäts-Chromatographie (IMAC), welche den durch die Nutzung des pET16b Vektors angefügten Polyhistidin-Tag des Proteins nutzt. Nach der enzymatischen Abtrennung des Polyhistidin-Tags erfolgt ein letzter Reinigungsschritt durch die „reversed phase high performance liquid chromatography" (rp-HPLC).

2.7.1 Verwendete Chemikalien, Puffer und Lösungen

IMAC-Äquilibrierungspuffer

6 M GdmCl

100 mM Trizma

100 mM Na-Dihydrogenphosphat

150 mM NaCl

20 mM Imidazol

IMAC-Elutionspuffer

6 M GdmCl

100 mM Trizma

100 mM Na-Dihydrogenphosphat

500 mM NaCl

500 mM Imidazol

10x FXa-Puffer

1 M NaCl

500 mM Trizma/HCl

50 mM $CaCl_2$

2.7.2 Immobilisierte-Metallionen-Affinitäts-Chromatographie

Der Polyhistidin-Tag der N-terminal der recPrP-Sequenz lag, ermöglicht eine Trennung des recPrP von anderen in den „inclusion bodies" enthaltenen Verunreinigungen durch die Immobilisierte-Metallionen-Affinitäts-Chromatographie (IMAC). Bei dieser chromatographischen Methode wird die hohe Affinität mehrerer nebeneinander liegender Histidine gegenüber Metallionen ausgenutzt. Innerhalb einer Chromatographiesäule befindet sich eine Matrix aus quervernetzten Agarosebeads, an die Nitriloessigsäure (NTA) kovalent gebunden vorliegt. NTA bildet mit zweiwertigen Nickelionen einen Komplex, der vier der sechs möglichen Bindungsstellen des zweiwertigen Nickels belegt (Ni-NTA). Die verbleibenden zwei Bindungsstellen besitzen eine hohe Affinität für zwei benachbarte Histidine. Ein sechs- oder zehnfacher

Material und Methoden

Polyhistidin-Tag besitzt daher eine sehr hohe Affinität zu der stationären Phase der Säule. Nachdem ein Proteingemisch, in dieser Arbeit das Solubilisat der „inclusion bodies", bei einer Flussrate von 1 ml/min durch die Säule gepumpt wird, binden im Idealfall nur die Proteine an die Ni-NTA, die über einen Polyhistidin-Tag verfügen. Anschließend wird Elutionspuffer durch die Säule gepumpt der mit 600 mM eine sehr hohe Konzentration von Imidazol enthält, welches eine ebenfalls hohe Affinität zur Ni-NTA besitzt und somit wiederum das gebundene Protein verdrängt bzw. eluiert. Die Elutionsfraktion wird aufgefangen und enthält nun das gewünschte Protein. Um unspezifische Bindungen zu unterdrücken wird schon im Äquilibrierungspuffer eine niedrige Konzentration Imidazol hinzugegeben. Der detaillierte Ablauf eines IMAC-Laufs ist in Abbildung 20 dargestellt.

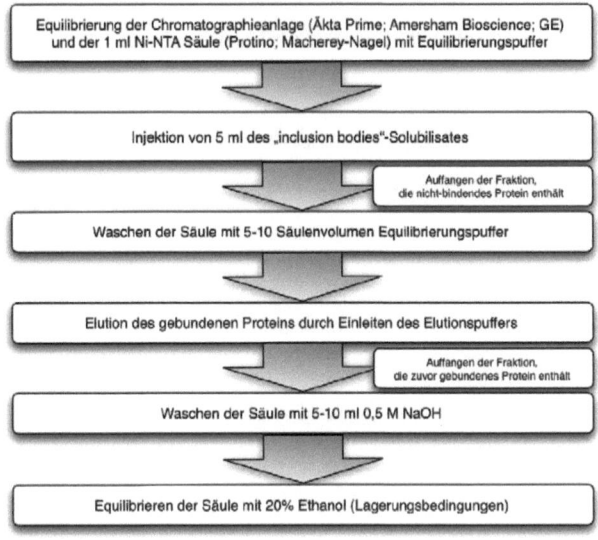

Abbildung 20 – Durchführung der IMAC zur Reinigung des recPrP mit Polyhistidin-Tag

2.7.3 Reduktion und Oxidation der Disulfidbrücke

Um intermolekularen Disulfidbrücken vorzubeugen und um sicherzustellen, dass die Disulfidbrücken des recPrP oxidiert vorliegen wurden die Elutionsfraktionen der IMAC mit 10 mM Dithiothreithol (DTT) versetzt. Die Zugabe von DTT reduziert alle vorhandenen Disulfidbindungen und löst somit auch ggf. vorliegende Disulfidbrücken zwischen zwei PrP Molekülen. Um eine geordnete Schließung der intramolekularen Disulfidbrücke zu gewährleisten, wurde ein Pufferwechsel (6 M GdmCl; 12,5 mM Tris/HCl; pH8) mittels Zentrifugation in Centricon-Filtrationseinheiten (10 kDa MWCO; MerckMillipore; Billerica; USA) durchgeführt. Dem Puffer wurde eine Mischung aus oxidiertem (GSSG) und reduziertem Glutathion (GSH) im Verhältnis 1:10 hinzugegeben, was die Re-Oxidation der Disulfidbrücke ermöglicht.

2.7.4 Enzymatische Abtrennung des Polyhistidin-Tags

Der für die Reinigung per IMAC benötigte Polyhistidin-Tag sollte, aus Gründen der Vergleichbarkeit zu früheren Versuchen mit anderen recPrP, abgetrennt werden. Die dafür in der Sequenz enthaltene Schnittstelle für die Endoprotease Faktor Xa liegt direkt N-terminal vor der PrP-Sequenz. Der enzymatische Abtrennung des Polyhistidin-Tag wurde wie in Abbildung 21 dargestellt durchgeführt.

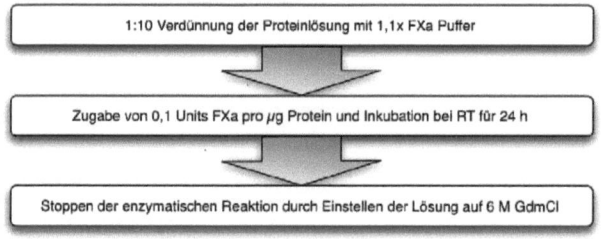

Abbildung 21 – Durchführung der enzymatische Abtrennung des Polyhistidin-Tags

Material und Methoden 57

2.7.5 reversed phase high performance liquid chromatography

Im letzten Reinigungsschritt sollte mittels „reversed phase high performance liquid chromatography" (rp-HPLC) das recPrP von dem abgetrennten Polyhistidin-Tag sowie dem für die Abtrennung benötigten Faktor Xa getrennt werden. Des Weiteren eignet sich dieser Reinigungsschritt um einen Pufferwechsel durchzuführen, da als Laufpuffer der rp-HPLC ein Gemisch aus $H_2O_{deion.}$ und Acetonitril (ACN) zum Einsatz kommt, sodass eine anschließende Lyophilisierung möglich ist.

Die für diesen Reinigungsschritt gewählte Chromatographiesäule enthält als stationäre Phase unpolares C4-Säulenmaterial. Die Kombination mit einer mobilen Phase höherer Polarität, hier ein H_2O-ACN-Gradient, ermöglicht die Auftrennung eines Proteingemisches nach Hydrophobizität. Die Elutionskraft der mobilen Phase steht in Abhängigkeit zu ihrer Polarität, Es gilt: Mit sinkender Polarität steigt die Elutionskraft. Durch einen Gradienten, der mit 100% Wasser startet und graduell die ACN-Konzentration erhöht, werden an das Säulenmaterial bindende Proteine entsprechend ihrer Hydrophobizität eluiert. Die hohe Flussrate von 5 ml/min erhöhen zusätzlich die Trennleistung, wodurch sich diese Methode für die Trennung von Proteingemischen eignet.

Durch diese Methode lässt sich auch recPrP mit reduzierter bzw. oxidierter Schwefelbrücke von einander trennen, da sich beide leicht in ihrer Hydrophobizität unterscheiden. Da für diese Arbeit nur die oxidierte Form verwendet werden sollte, wurden nur Fraktionen gesammelt, die PrP mit geschlossener Disulfidbrücke enthalten.

2.8 Lyophilisierung des recPrP

Die HPLC-Fraktionen die recPrP enthielten, wurden vereint und auf 2 ml Mikroreaktionsgefäße verteilt und für 24 Stunden in einer Gefriertrocknungszentrifuge lyophilisiert. Das resultierende Lyophilisat wurde direkt weiterverarbeitet oder bei -80 °C gelagert.

2.9 Rückfaltung des recPrP

2.9.1 Verwendete Chemikalien, Puffer und Lösungen

Lagerungspuffer

10 mM NaP$_i$ pH 7,4 ; 0,1% SDS

2.9.2 Rückfaltung des recPrP

Um gefaltetes recPrP zu erhalten, wurden 1,5 mg des Lyophilisates in einem ml Lagerungspuffer gelöst. Um das Protein vollständig zu lösen, wurde die Proteinlösung für 30 Minuten bei 37 °C schüttelnd inkubiert. Wenn die Proteinlösung anschließend keine Trübungen aufwies, wurde die Konzentrationsbestimmung durchgeführt.

2.10 Konzentrations- und Reinheitsbestimmung der recPrP-Lösung

Innerhalb dieser Arbeit wurden zwei Methoden zur Konzentrationsbestimmung von Proteinlösungen herangezogen. Zum einen die spektroskopische Bestimmung der Konzentration über die Absorption des Proteins selbst, zum Anderen durch eine indirekte quantitative Kolorimetrische Bestimmung mittels Bicinchoninsäure (BCA).

2.10.1 Verwendete Chemikalien, Puffer und Lösungen

Micro BCA Reagenz A

Natriumcarbonat

Natriumdicarbonat

Natriumtatrat

0,2 M NaOH

Micro BCA Reagenz B

4 % (w/v) Bicinchoninsäure (BCA)

Micro BCA Reagenz C

4% (w/v) Kupfersäure in Penthahydratwasser

Proteinstandard

Material und Methoden 59

2 mg/ml Rinderserumalbumin (BSA) in 0,9% (w/v) Kochsalzlösung

0,05 % Natriumazid

Reaktionslösung

25:24:1 Mischung aus Reagenz A:B:C

2.10.1.1 Konzentrationsbestimmung einer Proteinlösung durch Absorptionsspektroskopie

Die Proteinkonzentration wurde anhand es Lambert-Beer'schen Gesetztes über die Absorption bei der Wellenlänge von 280 nm bestimmt und beruht auf der Absorption von Tryptophan und Tyrosin. Die Bestimmung der Absorption erfolgte an einem Spektralphotometer (Jasco V-650; Gross-Umstadt; Deutschland). Durch die Umrechnung mit Hilfe des Extinktionskoeffizienten kann die Konzentration einer reinen Proteinlösung bestimmt werden. Für huPrP 129M bzw. 129V wurde der molare Extinktionskoeffizient von ε_{280}=0,8160 bzw. ε_{280}=0,8144 verwendet. Für cerPrP wurde der molare Extinktionskoeffizient von ε_{280}=0,6179 verwendet.

2.10.1.2 Konzentrationsbestimmung einer Proteinlösung durch BCA-Test

Die Konzentrationsbestimmung einer Proteinlösung durch Bicinchoninsäure (BCA) erfolgt indirekt über die Absorptionsmessung eines farbigen Komplexes aus BCA und einwertigem Kupfer. In einem ersten Schritt erfolgt in alkalischem Milieu durch die Peptidbindung in Proteinen eine quantitative Reduktion von Cu^{2+} zu Cu^{1+}. In einer zweiten Reaktion bilden zwei BCA Moleküle mit einem Cu^{1+} einen farbigen Chelatkomplex, dessen Absorption in einem Spektralphotometer bei der Wellenlänge von 562 nm bestimmt werden kann. Eine 1:1 Mischung von Proteinlösung und Reaktionslösung wird für eine Stunde bei 60 °C inkubiert und nach Abkühlung auf RT im Spektralphotometer gemessen. Eine Eichgerade aus Proteinlösungen bekannter Konzentration wird genutzt, um die Lösung unbekannter Konzentration zu bestimmen.

2.11 Massenspektrometrische Analyse des recPrP

Die Massenspektrometrie (MS) ermöglicht die Identifikation eines Moleküls auf Grund seines Masse-Ladungs-Verhältnisses. Das zu analysierende Molekül muss dafür zunächst ionisiert werden, was durch verschiedene Methoden erfolgen kann. Ein in der Gasphase befindliches ionisiertes Molekül wird durch ein elektrisches Feld beschleunigt. In einem entsprechenden Detektor wird den ankommende Molekülen durch verschiedene Methoden eine Masse zugeordnet. Dies geschieht beispielsweise über die Flugzeitanalyse der Moleküle, da leichte Moleküle schneller fliegen als schwere Moleküle gleicher Ladung (engl. „time of flight" TOF-Analyse). Durch eine computergestützte Auswertung des Massespektrums kann auf die molekulare Zusammensetzung des Moleküls bzw. eines Molekülgemisches geschlossen werden. Diese Methode eignet sich für die Identifikation unbekannter Proteine und ist sogar in der Lage, die Sequenz eines Proteins zu bestimmen.

Die Anwendung der Massenspektroskopie innerhalb dieser Arbeit erforderte die Identifikation eines Proteins bekannter Primärsequenz. Zunächst wurde eine tryptische Proteolyse des PrP durchgeführt (Figeys *et al.* 2001). Durch die Kopplung der MS mit flüssigchromatographischen (LC) Methoden (LC-MS) wird der Analyt zunächst per LC der Größe nach aufgetrennt, die einzelnen Peptide ionisiert und einzeln massenspektrometrisch ausgewertet. Durch eine vorherige *in silico* Berechnung der durch die tryptischen Proteolyse entstehenden Teilpeptide ist eine Identifikation dieser im Massenspektrum möglich.

Bei der MS/MS-Methode wird ein ionisiertes Molekül nach der Isolation in einem ersten Detektor durch einen Stoßgas in weitere Bruchstücke zerteilt, die in einem zweiten Detektor analysiert werden. Dies ermöglich die im Falle dieser Arbeit durchgeführte Sequenzierung einiger Teilpeptide. Die massenspektrometrische Analyse wurde von Prof. Dr. Simone König des Interdisziplinären Zentrums für Klinische Forschung (IZKF; Bereich Proteomik)

Material und Methoden

der Westfälischen Wilhelms Universität Münster durchgeführt. Die zu analysierenden Proteine wurden zuvor per SDS-PAGE getrennt und einzelne Banden an das IZKF versandt.

2.12 Circular-Dichroismus Spektroskopie

Mit Hilfe der Circular-Dichroismus (CD)-Spektroskopie ist es möglich die Sekundärstrukturanteile eines Proteins zu bestimmen. Das Messprinzip beruht auf der unterschiedlichen Absorption von recht- bzw. links zirkular polarisiertem Licht. Die Messgröße ist dabei der Unterschied der Absorption zwischen beiden Polarisationsrichtungen ($\Delta A = A_L - A_R$), dieser wird in Elliptizität (Θ) angegeben (Formel 1).

Formel 1 - Berechnung der Elliptizität

$$\Theta(\lambda) = ln10 \cdot \frac{180}{2\pi} \cdot \varepsilon_L - \varepsilon_R \cdot c \cdot d$$

λ = Wellenlänge $\varepsilon_{R/L}$ = Extinktionskoeffizient der rechts- bzw. linkspolarisierten Komponente

c = Konzentration d = Schichtdicke der Küvette

Da die unterschiedlichen Sekundärstrukturen α-Helix, β-Faltblatt und unstrukturierte Aminosäurekette (engl. „random coil") je nach Wellenlänge rechts bzw. links zirkular polarisiertes Licht unterschiedlich stark absorbieren, ergibt sich für jede Sekundärstruktur ein charakteristisches CD-Spektrum (Abbildung 22).

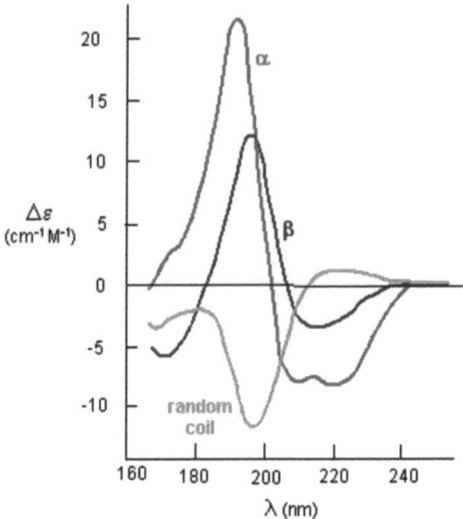

Abbildung 22 – Typische CD-Spektren von bekannten Sekundärstrukturen
Die Abbildung zeigt die CD-Spektren von Proteinen, die hauptsächlich eine Sekundärstruktur aufweisen. α = α-Helices; β = β-Faltblatt; „random coil" = unstrukturierte Aminosäurekette. Abbildung verändert nach (Brahms et al. 1980)

Die CD-Messungen des recPrP dieser Arbeit wurden in einem CD-Spektrometer der Firma Jasco durchgeführt (Modell J815; Jasco GmbH; Gross-Umstadt; Deutschland). Alle Spektren wurden in 1 mm Quarzglas-Küvetten (Hellma; Mühlheim; Deutschland) aufgenommen. Die Messparameter können Tabelle 8 entnommen werden.

Tabelle 8 – Messparameter einer CD-Messung

Messparameter	Einstellung
Schichtdicke	1 mm
Akkumulationen	10
Messgeschwindigkeit	50 nm/min
Auflösung	0,5 nm
Messbereich	190-260 nm
Responsezeit	1 sec
Temperatur	20 °C

Von allen gemessenen Spektren wurden die jeweiligen Pufferspektren subtrahiert. Aus Gründen der Vergleichbarkeit wurden die Spektren in molare Elliptizität pro Aminosäurerest umgerechnet. Die Umrechnung erfolgte nach Formel 2.

Formel 2 - Berechnung der Elliptizität pro Aminosäurerest (AS)

$$\Theta_{MRW} = \frac{MRW \cdot \Theta}{10 \cdot d \cdot c}$$

Θ_{MRW} = Elliptizität pro AS

MRW („mean residue weight") = Molekulargewicht / Anzahl der AS - 1

c = Konzentration

d = Schichtdicke der Küvette

2.13 Analytische Ultrazentrifugation

Die Analytische Ultrazentrifugation (AUZ) kombiniert Spektroskopie mit der Methode der Ultrazentrifugation. Durch spezielle Zentrifugen, die über eine UV/VIS-Spektroskop verfügen und die Verwendung geeigneter Messzellen, können so Moleküle und ihr Verhalten im Zentrifugalfeld beobachtet werden. Moleküle sedimentieren entsprechend ihrer Größe und Form unterschiedlich schnell. Ihre Sedimentationsgeschwindigkeit hängt von ihrem Molekulargewicht, ihrer Form und der Viskosität des Lösungsmittels ab. Dem durch die Zentrifugalkraft entstehenden Konzentrationsgradienten steht die Diffusion der Moleküle entgegen. Bei einem Gleichgewichts-Sedimentations-Experiment werden kleine Zentrifugalfelder gewählt, sodass sich zwischen Sedimentation und Diffusion ein Gleichgewicht einstellen kann. Bei der Sedimentationsgeschwindigkeits-Methode ist die Diffusion vernachlässigbar, da hier sehr große Zentrifugalfelder eingestellt werden, sodass die Sedimentationsgeschwindigkeit entsprechend hoch ist. Die Svedberg-Gleichung (Formel 3), eine fundamentale Gleichung der Zentrifugation, stellt dabei einen elementaren Zusammenhang zwischen den relevanten Variablen dar und ermöglicht die Berechnung des Sedimentationskoeffizienten (s).

Formel 3 - Svedberg-Gleichung zur Berechnung des Sedimentationskoeffizienten

$$\frac{v_{sed}}{\omega^2 \cdot r} = \frac{m_M(1 - \bar{v} \cdot \rho_L)}{f} = s$$

v_{sed} = Sedimentationsgeschwindigkeit ω = Winkelgeschwindigkeit
r = Abstand zur Drehachse (Radius) m_M = Sedimentationsgeschwindigkeit
$\bar{v}$ = partielles spezifisches Volumen ρ_L = Dichte
f = Reibungskoeffizient s = Sedimentationskoeffizient

Bei der Analyse von Proteinen bzw. Proteingemischen können durch die AUZ Wechselwirkungen zwischen Proteinen und oder anderen Substanzen nachgewiesen werden. Mit der für diese Arbeit angewandten Methode der Sedimentationsgeschwindigkeits-Zentrifugation kann über den Sedimentationskoeffizienten bzw. das Molekulargewicht des analysierten Proteins der Oligomerisierungsgrad einer Proteinlösung bestimmt werden. Für diese Arbeit sollte der Oligomerisierungsgrad der huPrP-Varianten zu Beginn der Fibrillogenese bestimmt werden. Die Fibrillogeneseansätze wurden daher nach fünf Tagen schüttelnder Inkubation bei 37 °C per AUZ untersucht. Das Sedimentationsgeschwindigkeits-Experiments wurde mit Hilfe einer Ultrazentrifuge mit Absorptionsoptik (Optima XL-A; Beckman-Coulter; Brea; USA) durchgeführt, die dabei eingestellten Messparameter können Tabelle 9 entnommen werden.

Material und Methoden

Tabelle 9 – Messparameter der Sedimentationsgeschwindigkeits-Experimente

Messparameter	Einstellung
huPrP-Konzentrationen	40 und 80 ng/µl
Drehzahl	40.000 rpm
Rotor	An-50 Ti
Messzelle	2-Channel; Aluminium „centerpieces"
Temperatur	20 °C
Wellenlänge	230 nm („intensity mode")
Messinterval	6 min
Radiale Auflösung	0,003 cm

Die Auswertung der Sedimentationsprofile der huPrP-Varianten wurde mit Hilfe der Analysesoftware Ultrascan 3 (Demeler 2005) durchgeführt. Das spezifische partielle Volumen wurde dabei aus der Aminosäuresequenz des huPrP berechnet (Durchschlag 1986). Dabei wurde eine Modell gewählt, welches nicht-interagierende unabhängige Molekülspezies voraussetzt. Die Fit-Prozedur umfasste eine 2-dimensionale Analyse der gemessenen Spektren sowie einen genetischen Algorithmus, der eine stochastische Optimierung des Fits ermöglicht (Brookes *et al.* 2007; Demeler *et al.* 2008; Brookes *et al.* 2010).

2.14 Nachweis amyloider Fibrillen durch Thioflavin T

1959 wurde Thioflavin T (ThT) als amyloidspezifischer Fluoreszenzfarbstoff zum ersten mal beschrieben (Vassar 1959). Bis zum heutigen Zeitpunkt hat sich ThT als ein Standard für den Nachweis amyloider Fibrillen etabliert, sowohl für die *in vivo* als auch die *in vitro* Anwendung.

Es konnte gezeigt werden, dass ThT durch die Bindung an amyloide Fibrillen sowohl sein Exzitations- als auch sein Emissionsmaximum zu größeren Wellenlängen hin verschiebt, sowie eine deutlich erhöhte Fluoreszenz aufweist (Abbildung 23 A).

Die gute Löslichkeit in Wasser und die Affinität zu amyloiden Fibrillen im niedrigen mikromolaren Bereich ermöglichen einen vielfältigen Einsatz von ThT.

Durch den Einsatz von ThT in Kombination mit verschiedensten Proteinen wurde deutlich, dass die Bindung auf einem gemeinsamen strukturellen Motiv beruhen musste. Heute ist bekannt, dass dieses Strukturmotiv das „cross-β" Motiv ist, welches spezifisch für amyloide Fibrillen ist (Kapitel 1.2.3.).

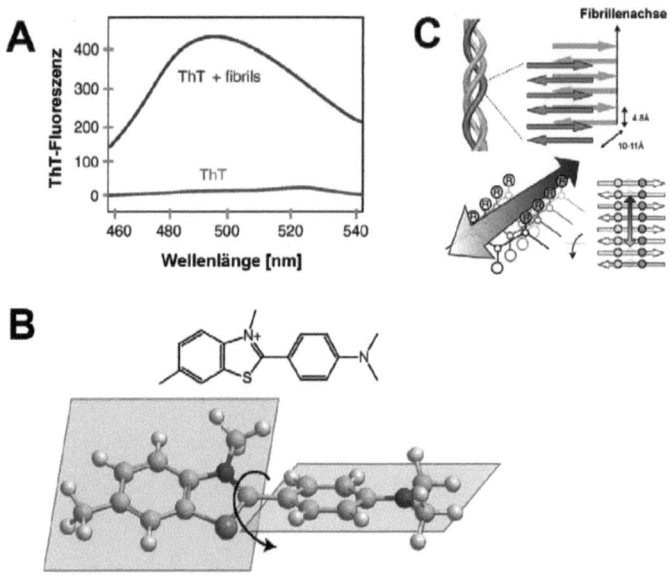

Abbildung 23 – Amyloidspezifischer Fluoreszenzfarbstoff Thioflavin T
(A) Die Bindung von ThT an amyloide Fibrillen führt zu einer deutlich erhöhten Fluoreszenz im Vergleich zu nicht an Fibrillen gebundenem ThT, (B) bei der die Anregung durch elektromagnetische Wellen zu einer Drehung (Pfeil) innerhalb des Moleküls führt. (C) ThT bindet entlang der Fibrillenachse an Seitenketten-Leitern (Doppelpfeil) des „cross-β"-Motivs. Abbildung verändert nach (Biancalana et al. 2010).

Die durch die Bindung an amyloide Fibrillen erhöhte Fluoreszenz wird dadurch erklärt, dass ThT in Lösung als „molekularer Motor" fungiert. Demzufolge führt eine Anregung durch elektromagnetische Wellen zu einer Drehung innerhalb des Moleküls (Abbildung 23 B), was zu einem Quenchen der Fluoreszenz führt. Daher wird angenommen, dass die Bindung an amyloide Fibrillen dazu führt, dass diese Drehbewegung nicht mehr stattfinden kann, wodurch die Energie in Form von Fluoreszenz abgegeben wird (Biancalana et al. 2010).

Genaue Untersuchungen zur Bindung von ThT an amyloide Fibrillen erbrachten detaillierte Ergebnisse. Durch das „cross-β"-Motiv ergeben sich entlang der Fibrillenachse sogenannte Leitern aus den Seitenkette der Aminosäuren, da durch die „Stapelung" der einzelnen Proteine zu intermolekularen β-Faltblättern gleiche Seitenketten unterschiedlicher Proteine nebeneinander liegen (engl. „in register"). Mehrere Studien konnten zeigen, dass ThT der Länge nach an solche Seitenketten-Leitern bindet (Abbildung 23 C) (Biancalana et al. 2010). In silico Untersuchungen mittels „Molecular-Dynamics"-(MD)-Simulationen und Versuche mit kurzen Peptiden, die „cross-β" Strukturen ausbilden (engl. „peptide self-assembly mimic"; PSAMs) bestätigen diese Ergebnisse. Darüber hinaus wurde in MD-Versuchen ebenfalls gezeigt, dass ThT bevorzugt an aromatische Seitenketten-Leitern bindet. Die Versuche mit PSAMs ergaben, dass ThT die höchste Affinität zu zwei nebeneinander liegenden Seitenketten-Leitern aus Tyrosin und Leucin aufweist. Dabei werden Seitenketten-Leitern aus minimal vier bzw. maximal acht Seitenketten benötigt, um die maximale Affinität und eine maximal erhöhte Fluoreszenz zu erreichen (Biancalana et al. 2009; Biancalana et al. 2010).

2.15 Spontane Fibrillogenese des recPrP

Für die spontane Fibrillogenese des recPrP wurde dem Fibrillogeneseansatz der für amyloide Fibrillen spezifischen Farbstoff Thioflavin T (ThT) zugegeben und für mehrere Wochen bei 37 °C und 600 rpm schüttelnd inkubiert. Um die Entstehung amyloider Fibrillen während dieser Zeit nachzuweisen, wurden die Fibrillogenese in 96-Well Mikrotiterplatten (MTP) durchgeführt, die eine Messung vieler unterschiedlicher Ansätze in kurzen Zeitintervallen ermöglichte. Die Fluoreszenzmessungen (ThT-Assay) wurden dabei in einem beheizten Plattenleser (engl. „plate reader") mit Fluoreszenzoptik durchgeführt (m200Pro; Tecan; Männedorf; Schweiz). Die Einstellungen des ThT-Assays für eine typische Messung der spontanen Fibrillogenese können Tabelle 10 entnommen werden.

Tabelle 10 – Messparameter des ThT-Assays

Parameter	Einstellung
PrP-Konzentration	150 ng/µl
ThT-Konzentration	5 µM
Pufferbedingungen	10 mM NaP$_i$ pH 7,4; 250 mM NaCl
Temperatur	37 °C
Agitation (zwischen zwei Messungen)	600 rpm
Exzitationswellenlänge	445 nm
Emissionwellenlänge	482 nm
Messinterval	30 Minuten
Verstärkung (engl. „gain")	100
Z-Position	21000 µm
Akkumulationen	25

2.16 Analyse von huPrP-Fibrillen durch „total internal reflection fluorescence"-Mikroskopie

Das Prinzip der „total internal reflection fluorescence"-(TIRF)-Mikroskopie beruht darauf, dass der anregende Laser unterhalb des Objektträgers in einem Winkel eingestrahlt wird in dem es zu einer Totalrefexion kommt (Ambrose 1956). Dadurch bildet sich ein evaneszentes elektromagnetisches Feld gleicher Wellenlänge, dass nur 100-200 nm in die Lösung oberhalb des Objektträgers eintritt. Im Gegensatz zu einem Fluoreszenzmikroskop, bei dem der anregende Laser senkrecht durch den Objektträger verläuft, bietet die TIRF-Mikroskopie den Vorteil, dass Fluorophore nur an der Oberfläche des Objektträgers angeregt werden. Dadurch kann das Signal-Rausch-Verhältnis im Vergleich zu einem Fluoreszenzmikroskop ohne TIRF-Optik deutlich gesenkt werden.

Die in dieser Arbeit untersuchten huPrP-Fibrillen wurden durch Trocknung auf einem gereinigte Objektträger (25x6x0,17mm; Menzel Gläser; Thermo Fisher Scientific; San Jose; USA) fixiert, durch das Auftropfen von 10 µl einer 10 µM ThT-Lösung gefärbt und anschließend in einem TIRF-Mikroskop analysiert (Leica AM TIRF MC; HCX PL APO 100x1,47 Öl-Immersionsobjektiv; Leica microsystems; Wetzlar; Deutschland).

Material und Methoden 69

Die Bilder wurden bei einer Anregungswellenlänge von 405 nm durch eine EM-CCD Kamera (Model 9100-2, Hamamatsu City, Japan) aufgenommen. Die Expositionszeit der Bilder betrug eine Sekunde. Die Nachbearbeitung (Kontrast, Helligkeit) erfolgte mit Hilfe der Bildbearbeitungssoftware ImageJ (Wayne Rasband, National Institutes of Health, Bethesda, USA). Die Durchführung der TIRF-Mikroskopie erfolgte in Zusammenarbeit mit Dr. Oliver Bannach und Michael Wördehoff aus dem Institut für Physikalischen Biologie der Heinrich-Heine-Universität Düsseldorf.

2.17 Analyse von huPrP-Fibrillen durch Transmissionselektronenmikroskopie

Mit Hilfe der Elektronenmikroskopie ist es möglich Präparate mit einer Auflösung deutlich unterhalb der Auflösungsgrenze von optischen Mikroskopen abzubilden. Modernste Technik erlaubt inzwischen eine Auflösung von weniger als 50 pm (Erni *et al.* 2009).

Im evakuierten Korpus eines Transmissionselektronenmikroskops (TEM) werden Elektronen durch eine Wolframkathode und einer ringförmigen Anode mit einer Beschleunigungsspannung von 40-400 keV in Richtung des Präparats beschleunigt. Der Elektronenstrahl wird durch ein elektromagnetisches Linsensystem, welches in Anlehnung an ein Linsensysteme eines Lichtmikroskops konzipiert ist, durch das fixiertes Präparat geleitet. Je nach Beschaffenheit des Präparats werden nun mehr oder weniger Elektronen gestreut. Nach Durchtritt des Präparates enthält der Elektronenstrahl somit Informationen über die Beschaffenheit des Präparats, welches so über ein bildgebendes Verfahren, wie z.B. einer CCD-Kamera, dargestellt werden kann.

Für die Analyse mittels TEM mussten die huPrP-Fibrillen zunächst auf einem Nickel-EM-Netz (Plano GmbH; Wetzlar; Deutschland) fixiert werden, das mit einer Beschichtung aus Kohle und Formvar überzogen ist. Diese Kohle/Formvar Beschichtung ist in der Lage die zu untersuchenden Proben zu tragen, ist dabei aber selbst für Elektronen durchlässig.

Da organische Präparate meist zu durchlässig für Elektronen sind, ist eine scharfe Abbildung im TEM nicht möglich. Durch die Negativkontrastierung mit schwereren Atomkernen wird die Streuung des Elektronenstrahls und damit auch der Kontrast erhöht. Für die Negativkontrastierung von Proteinfibrillen eignet sich Ammoniummolybdat. Um eine gleichmäßige Verteilung der Proteinaggregate sowie der Kontrastierungslösung auf den EM-Netzen zu ermöglichen, muss die Kohlenstoffschicht der Netze zunächst hydrophilisiert werden. Die Hydrophilisierung erfolgte durch das sogenannte „beglimmen" des EM-Netzes in einem Plasmaofen (Diener, Femto, Jettingen, Deutschland). Bei niedrigem Gasdruck (Restluft, 0,3 mbar) wird durch eine Hochspannungsquelle eine Plasma erzeugt, welches die obersten Kohlestoffschichten kurzzeitig hydrophilisiert. Durch die folgende, zügige Aufbringung der Proben und anschließende Negativkontrastierung wird eine gleichmäßige Verteilung der Proben und vor allem der Kontrastierungslösung gewährleistet. Der detaillierte Ablauf der Probenfixierung, Waschprozedur und Negativkontrastierung kann dem Abbildung 24 entnommen werden.

Die Analyse der huPrP-Fibrillen wurde an einem TEM (Tecnai F20; FEI Company, Hillsboro, USA) mit einer Beschleunigungsspannung von 80 kV durch Prof. Dr. Jan Stöhr des Institute for Neurodegenerative Diseases der University of California San Francisco durchgeführt.

Material und Methoden

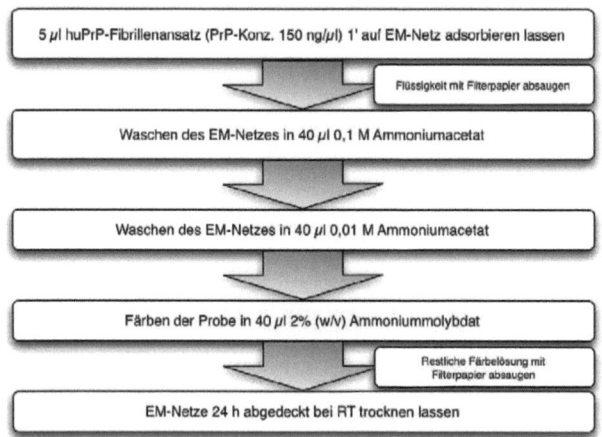

Abbildung 24 – Probenvorbereitung für die Transmissionselektronenmikroskopie

2.18 Keiminduzierte Fibrillogenese des recPrP

Bei der keiminduzierten Fibrillogenese kann die Bildung von amyloiden Fibrillen durch die Zugabe von Keimen (engl. „seed") beschleunigt werden, da sich diese nicht spontan bilden müssen (Abbildung 14). Für diese Arbeit muss zwischen zwei Arten von Keimen unterschieden werden. Keime können recPrP-Fibrillen bestehen, d.h. sie wurden spontanen Fibrillogeneseansätzen entnommen, die eine maximale ThT-spezifische Fluoreszenz erreicht haben („Plateau-Phase"). Aggregationskeime können auch natürlichen Ursprungs sein, d.h. sie wurden aus Hirngewebe von Tieren oder Menschen präpariert, die an einer Prionkrankheit litten.

2.18.1 Keiminduzierte Fibrillogenese unter Verwendung von Keimen aus recPrP-Fibrillen

Die keiminduzierte Fibrillogenese unter Verwendung von Keimen aus recPrP-Fibrillen gleicht der spontanen Fibrillogenese in Hinsicht auf Messparameter und Durchführung des ThT-Assays. Der Unterschied bestand darin, dass zu Beginn des Experiments 10 % (v/v) recPrP-Fibrillen als Keim hinzugegeben wurden. Um eine größtmögliche Homogenität des Keims zu erreichen, wurde der gesamte spontane Fibrillisationsansatz für 60 Sekunden in einem Ultraschallbad behandelt (200W; Stufe 9.5; Sonicator 3000, Misonix, Farmingdale, USA).

2.18.2 Keiminduzierte Fibrillogenese unter Verwendung von Prion-Keimen

Wie schon zuvor erwähnt wurden, innerhalb dieser Arbeit auch Keime natürlichen Ursprungs verwendet. Die Proteinablagerungen, die bei allen Prionkrankheiten im ZNS zu finden sind, können aus dem Hirngewebe erkrankter Individuen präpariert werden. Üblicherweise wird dafür zunächst ein Homogenat aus Hirngewebe hergestellt. Durch eine Fällung mittels Phosphorwolframsäuren (PTA-Fällung) können die Proteinaggregate vorgereinigt und konzentriert werden (Safar *et al.* 1998).

2.18.3 Herstellung von Hirnhomogenaten

Die verwendeten Hirngewebe wurden von Kooperationspartnern zur Verfügung zu Verfügung gestellt (Tabelle 11) und nach Entnahme bei -80 °C gelagert. Alle Kooperationspartner arbeiten nach entsprechenden Ethikrichtlinien.

Das Hirngewebe von erkrankten als auch gleichaltrigen gesunden Individuen wurde homogenisiert. Die Hirnhomogenate von gesunden Individuen dienten als Kontrolle, um auszuschließen, dass ein Einfluss auf die Fibrillogenese durch Faktoren bedingt ist, die generell in Hirngewebe zu finden sind. Der Ablauf der Homogenisierung ist in Abbildung 25 dargestellt.

Material und Methoden

Tabelle 11 – Herkunft der innerhalb dieser Arbeit verwendeten Hirngewebe

Spezies	Gewebe	Prion-positiv / -negativ	Herkunft
Mensch	Hirngewebe	positiv (sCJD)	Hans Kretzschmar, Neuropathologie und
Mensch	Hirngewebe	negativ	Prionforschung der LMU
Rind	*Medulla oblongata*	positiv (BSE)	Martin Groschup, Bundesforschungsanstalt
Rind	*Medulla oblongata*	negativ	für Viruskrankheiten der Tiere
Schaf	*Medulla oblongata*	positiv (Scrapie)	Oliver Andreoletti, INRA, Ecole Nationale
Schaf	*Medulla oblongata*	negativ	Vétérinaire de Toulouse
Hirsch	Hirngewebe	positiv (CWD)	Neil Cashman, Canadian Cooperative
Hirsch	Hirngewebe	negativ	Wildlife Health Centre

Die innerhalb dieser Arbeit verwendeten Keime wurden aus Hirngewebe der Spezies Mensch, Rind, Schaf und Hirsch gewonnen. Dem entsprechend werden die aus den Hirnhomogenaten gewonnen Keime im erkrankten Fall mit der Bezeichnung der jeweiligen Prionkrankheit der Spezies verwendet. Demzufolge: CJD-Keim, BSE-Keim, Scrapie-Keim und CWD-Keim. Analog dazu wird im gesunden Fall die Bezeichnung CJD-, BSE-, Scrapie- und CWD-negativer Keim verwendet.

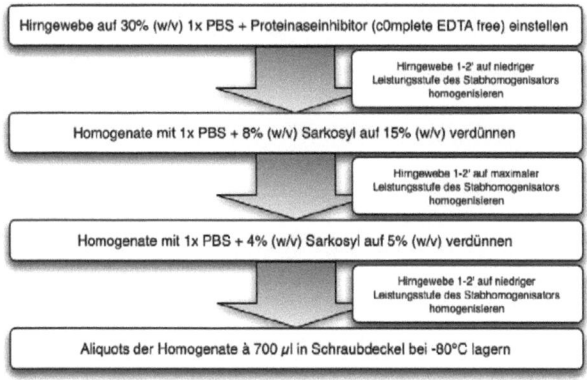

Abbildung 25 – Durchführung der Homogenisierung von Hirngewebe

2.18.4 Phosphorwolframsäure-Fällung

Um die Prionpartikel vorzureinigen und zu konzentrieren wurde, eine modifizierte Fällungsmethode verwendet, die darauf ausgelegt ist Membranproteine zu präparieren (Safar *et al.* 1998). Die Fällung beruht auf der Verwendung von Phosphorwolframsäure (engl. „phosphotungsticacid"; PTA). Der Ablauf einer PTA-Fällung ist in Abbildung 26 detailliert beschrieben.

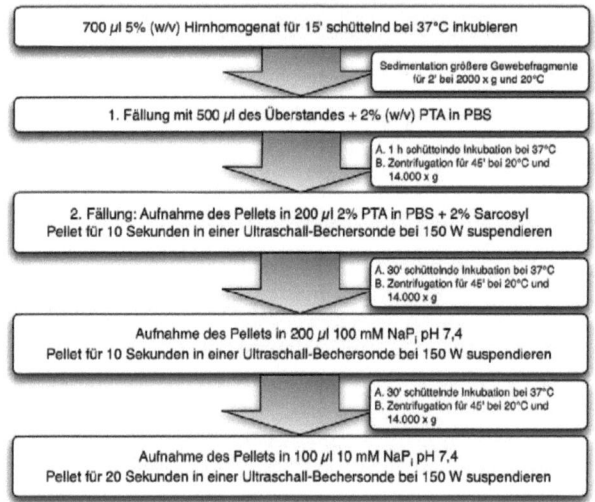

Abbildung 26 – Durchführung der PTA-Fällung

2.18.5 Durchführung der keiminduzierten Fibrillogenese unter Verwendung von Prion-Keimen

Die keiminduzierte Fibrillogenese unter Verwendung von Prion-Keimen entsprach, bis auf zwei Unterschiede, der spontanen Fibrillogenese des huPrP durch den ThT-Assay. Zum einen wurde die Konzentration des huPrP auf 50 ng/µl gesenkt, um der spontanen Fibrillenbildung vorzubeugen. in Arbeiten mit shaPrP konnte gezeigt werden, dass Erhöhung der recPrP-Konzentration zu einer Verkürzung der Lag-Phase der spontanen Fibrillogenese führt (Stöhr 2007). Zum anderen wurde dem keiminduzierten Fibrillogeneseansatz zu

Material und Methoden

Beginn des Experiments 90 µl des durch die PTA-Fällung präparierten Prion-Keims bzw. Prion-negative Keims zugegeben.

2.18.6 Berechnung der Keim-Aktivität

Um die Keim-Aktivität der verschiedenen verwendeten Keime beurteilen zu können wurden für jeden verwendeten Keim unabhängige identische Experimente durchgeführt. Um die Einzelexperimente miteinander vergleichen zu können, musste die Keim-Aktivität quantitativ ausgewertet werden. In die Berechnung der Keim-Aktivität sollten sowohl die Ergebnisse der von Keimen aus gesundem als auch aus erkranktem Hirngewebe einfließen. Des Weiteren sollten nur Messwerte verwendet werden, die in einem Zeitraum gemessen wurden, in dem sich eine *de novo* Fibrillogenese noch in der Lag-Phase befindet.

Formel 4 - Berechnung der Keim-Aktivität

$$\text{Keim-Aktivität} = \frac{\text{Mittelwert der Fluoreszenzintensität (80-100 h) unter Verwendung des Prion-Keims}}{\text{Mittelwert der Fluoreszenzintensität (80-100 h) unter Verwendung des Prion-negativen Keims}}$$

2.18.7 Statistische Auswertung der keiminduzierten Fibrillogenese

Die Keim-Aktivität wurde für jeden Keim eines jeden Einzelexperiments berechnet. Aus den Keim-Aktivitäten der Einzelexperimente wurden entsprechend der verwendeten Spezies (Mensch, Rind, Schaf, Hirsch) vier Gruppen von Keim-Aktivitäten gebildet. Mit den Keim-Aktivitäten der vier Gruppen wurde eine Varianzanalyse (ANOVA; engl. „analysis of variance") mit Tukey's Test durchgeführt. Da es sich um Fluoreszenzdaten handelte, die z.T. nahe Null lagen, musste zunächst von allen Keim-Aktivitäten der $\log_2$ berechnet werden, um eine Normalverteilung zu erreichen. Alle Berechnungen wurden innerhalb der „open-source" Statistiksoftware „R" (www.r-project.org) in Kooperation mit Dr. Wolfgang Kaisers des Zentralbereichs Bioinformatik des

Biologisch-Medizinischen Forschungszentrum der Heinrich Heine Universität durchgeführt.

3 Ergebnisse

Die Ergebnisse dieser Arbeit lassen sich zusammengefasst in drei Teilbereiche gliedern. Der erste grundlegende Abschnitt befasst sich mit der Herstellung des für die weiteren Versuche benötigten rekombinanten Prion-Proteins (recPrP). Methodisch umfasst dieser Teilabschnitt die Klonierung der Gene in die Vektoren entsprechend der verwendeten PrP Sequenzen, die Expression des recPrP in *E. coli* und die Reinigung des recPrP durch die Anwendung verschiedener chromatographischer Methoden.

Ziel des zweiten Teilabschnitts war die Etablierung der spontanen Fibrillogenese des humanen recPrP im SDS-basierten *in vitro* Konversionssystem. Dazu gehörte die Analyse des SDS-Konzentrationsbereiches in dem eine Fibrillogenese beobachtet werden kann, die Charakterisierung des prä-amyloiden Zustands des recPrP mit Hilfe biophysikalischer Methoden sowie eine Untersuchung der Struktur der amyloiden huPrP-Fibrillen. Die zu diesem Zweck angewandten Methoden umfassen vorrangig den Fibrillogenese-Assay, sowie Circular-Dichroismus-Spektroskopie (CD-Spektroskopie), analytische Ultrazentrifugation, „total internal reflection fluorescence" (TIRF)-Mikroskopie und Transmissionselektronenmikroskopie (TEM).

Aufbauend auf den Ergebnissen der spontane Fibrillogenese, sollte die keiminduzierte Fibrillogenese des huPrP im Hinblick auf die Analyse der Speziesbarriere etabliert werden. Dazu gehörte die Präparation der Prion-Keime sowie die Untersuchung der keiminduzierte Fibrillogenese mit recPrP-Fibrillen und aus Hirngewebe präparierten Keimen. Für die Untersuchung der Speziesbarriere wurden Prion-Keime der Spezies Mensch, Rind, Schaf und Hirsch mit huPrP kombiniert und ihr Einfluss auf die Fibrillogenese des huPrP charakterisiert.

Innerhalb dieser Arbeit wurde menschliches recPrP (huPrP), in den zwei Sequenzvarianten des M129V-Polymorphismus und cervides recPrP (cerPrP) verwendet. Die in den folgenden Kapiteln gezeigten Experimente wurden, sofern nicht anders vermerkt, für alle recPrP durchgeführt. Die Bezeichnung „recPrP" bezieht sich dabei auf alle hier verwendeten spezifischen Sequenzen bzw. Varianten.

3.1 Klonierung

Die DNA-Sequenz des recPrP, die in synthetisch hergestellten Vektoren (pMK) enthalten war, sollte in den für die Expression benötigten Vektor (pET16b) kloniert werden.

Um die DNA-Sequenz, die für das PrP codiert (folgend als „Insert" bezeichnet) zu erhalten, wurde eine restriktionsendonukleatische Behandlung mit den Restriktionsendonukleasen BamHI und Nde I mit 1 µg der pMK-Vektoren für fünf Minuten bei 37°C durchgeführt. Eine gelelektrophoretische Auftrennung des Restriktionsansatzes erfolgte in einem 2%igen Agarosegel. Die in dem Agarosegel enthaltene DNA wurde durch Ethidiumbromid, welches an die DNA bindet, markiert und durch UV-Licht sichtbar gemacht. Neben einer Bande die der Größe des Vektors entsprach, war auch eine Bande etwas oberhalb von 400 bp (engl. „basepairs" (bp); Basenpaare) sichtbar. Durch den Vergleich mit dem verwendeten Längenstandard konnte diese Bande als das Insert identifiziert werden, da sie der Länge der erwarteten 426 bp entspricht (Abbildung 27).

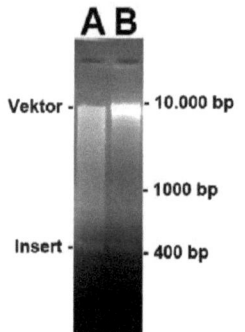

Die Abbildung zeigt ein 2%iges Agarosegel in dem der Ansatz der restriktionsendonukleatischen Behandlung der pMK-Vektoren elektrophoretisch aufgetrennt wurde. Die enthaltene DNA wurde durch an sie gebundenes Ethidiumbromid markiert unter UV-Licht sichtbar gemacht.

Die Vektoren enthielten die PrP-Sequenzen des huPrP 129M (**A**) und 129V (**B**).

Die diffuse Bande unterhalb von 10.000 bp entspricht dem Vektor (pMK) aus dem das Insert, als Bande oberhalb von 400 bp zu erkennen, herausgetrennt wurde.

Abbildung 27 – Agarosegel der restriktionsendonukleatischen Behandlung des pMK-Vektors

Die Bande, die dem Insert entsprach, wurde aus dem Agarosegel ausgeschnitten und das Insert mit Hilfe eines Gel-Elutions-Kits aus dem Gel eluiert. 250 ng des Inserts und 50 ng des dephosphorylierten Vektors pET16b, der für die Expression des recPrP in *E. coli* verwendet werden sollte, wurden mit 1 U T4-Ligase für 24 Stunden bei 10 °C ligiert. Der komplette Ligationsansatz wurde für die Elektroporations-Transformation in den für die Expression verwendeten *E. coli*-Stamm BL21(DE3)PLysS verwendet. Die Elektroporation wurde in einer Elektroporationsküvette mit 50 µl elektrokompetenten BL21(DE3)PLysS-Zellen bei 25 µF, 600 Ohm und 2,5 kV durchgeführt. Der auf doppelt selektiven LB-Agarplatten (Ampicillin; Chloramphenicol) ausplattierte Transformationsansatz zeigte nach 24-stündiger Inkubation bei 37 °C zahlreiche Kolonien.

Klone aus fünf verschiedenen Kolonien wurden über Nacht in 5 ml doppelt selektivem LB-Medium herangezogen. Das aus diesen Kulturen mittels eines Plasmid-Präparationskits gewonnene Plasmid wurde extern per DNA-Sequenzierung auf Richtigkeit der DNA-Sequenz untersucht. Die Ergebnisse der Sequenzierung ergaben bei allen Klonen eine vollständige PrP-Sequenz, sowie die korrekte Sequenz des Polyhistidin-Tags und der FXa-Schnittstelle. Die Aminosäuresequenzen der in dieser Arbeit klonierten PrP-Konstrukte können Abbildung 28 entnommen werden.

| 10x Polyhistidin-Tag | FXa-Schnittstelle | recPrP-Sequenz |

huPrP 90-231 129M
MGHHHHHHHHHHSSGHIEGR'HMGQGGGTHSQWNKPSKPKTNMKHMAGAAAAGAVVGGLG
GY**M**LGSAMSRPIIHFGSDYEDRYYRENMHRYPNQVYYRPMDEYSNQNNFVHDCVNITIKQHTVTT
TTKGENFTETDVKMMERVVEQMCITQYERESQAYYQRGS

huPrP 90-231 129V
MGHHHHHHHHHHSSGHIEGR'HMGQGGGTHSQWNKPSKPKTNMKHMAGAAAAGAVVGGLG
GY**V**LGSAMSRPIIHFGSDYEDRYYRENMHRYPNQVYYRPMDEYSNQNNFVHDCVNITIKQHTVTT
TTKGENFTETDVKMMERVVEQMCITQYERESQAYYQRGS

cerPrP 89-233
MGHHHHHHHHHHSSGHIEGR'HMGGGGWGQGGTHSQWNKPSKPKTNMKHVAGAAAAGAV
VGGLGGYMLGSAMSRPLIHFGNDYEDRYYRENMYRYPNQVYYRPVDQYNNQNTFVHDCVNITV
KQHTVTTTTKGENFTETDIKMMERVVEQMCITQYQRESEAYYQRGA

Abbildung 28 – Übersicht der recPrP-Konstrukte
Die Darstellung zeigt die in dieser Arbeit verwendeten recPrP-Konstrukte entsprechend der PrP-Sequenzen der Spezies Mensch und Hirsch. Die Sequenzen des huPrP entsprechen den beiden Sequenzvarianten des M129V-Polymorphismus. Durch die farbliche Markierung können die Sequenzabschnitte dem Polyhistidin-Tag (rot), der FXa-Schnittstelle (blau) und der recPrP-Sequenz (grün) zugeordnet werden. Die Sequenzvariation des huPrP entsprechend des M129V-Polymorphismus ist farblich markiert (violett). Das Apostroph Kennzeichnet die Schnittstelle (IEGR') an der die Endoprotease FXa die Peptidbindung trennt.

3.2 Expression des recPrP in *E. coli*

Die Transformation des pET16b Vektors mit der enthaltenen recPrP-Sequenz in den *E. coli*-Stamm BL21(DE3)PLysS ermöglichte die Expression des recPrP. Die Expression des recPrP erfolgte in einer Vor- und Hauptkultur. Die 20 ml Vorkultur wurde mit dem zuvor hergestellten *E. coli*-Stamm BL21(DE3)PLysS angeimpft und über Nacht bei 37 °C und 250 rpm inkubiert. Die mit der kompletten Vorkultur angeimpfte Hauptkultur wurde stündlich einer Messung der optischen Dichte unterzogen, um eine Induktion der Expression bei einer OD_{600} von 1,6 zu ermöglichen. Nach einer anfänglichen Lag-Phase von ca. 1,5 Stunden gingen die Zellen ab einer OD_{600} von 0,01 in die exponentielle Wachstumsphase über. Die für die Induktion gewünschte OD_{600} von 1,6 wurde nach ca. vier Stunden erreicht. Für die Expressionskontrolle wurde vor der Induktion ein 2 ml Aliquot der Hauptkultur entnommen. Nach Induktion der Expression durch die Zugabe von 1 mM IPTG wurden die Expressionskulturen bei 30 °C und 250 rpm schüttelnd inkubiert. Nach der Expressionsphase von ~20 Stunden wurde der Hauptkultur ein weiteres 2 ml Aliquot entnommen. Die Aliquote, die vor und nach der Expressionsphase entnommen wurden, wurden mit LB-Medium auf eine OD_{600} von 0,2 verdünnt. Die *E. coli*-Zellen aus jeweils 1 ml dieser Verdünnungen wurden pelletiert und per SDS-PAGE mit anschließender Coomassiefärbung analysiert. Das in Abbildung 29 gezeigte Coomassie-gefärbte PAA-Gel zeigt in den Gelspuren der Proben, die nach der Expressionsphase entnommen wurden eine prominente Proteinbande unterhalb von 20 kDa, die dem berechneten Molekulargewicht von 18,7 kDa des huPrP 129M bzw. 129V entspricht. In den Gelspuren der Proben, die vor der Induktion entnommen wurden, sind diese Banden nicht erkennbar.

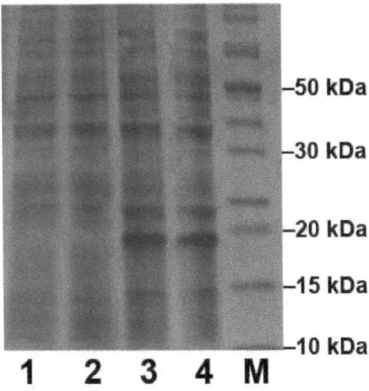

Abbildung 29 – Expressionskontrolle des huPrP 129M und 129V per Coomassie-gefärbtem PAA-Gel von *E. coli* Zelllysaten
E. coli-Zelllysate der Hauptkulturen der huPrP-Konstrukte 129M (**1**) und 129V (**2**) vor Induktion der Expression mit IPTG. *E. coli*-Zelllysate der Hauptkulturen der huPrP-Konstrukte 129M (**3**) und 129V (**4**) nach der Expressionsphase. Anhand des Proteinstandards (**M**) ist nach der Expressionsphase in beiden huPrP-Varianten eine prominente Bande unterhalb von 20 kDa zu erkennen, die vor der Induktion nicht erkennbar ist.

3.3 Präparation und Reinigung des recPrP

Die Präparation des in *E. coli* exprimierten recPrP erforderte zunächst den Aufschluss der *E. coli*-Zellen. Die in den Zellen durch die Überexpression angelegten „inclusion bodies" wurden durch verschiedene

Zentrifugationsschritte präpariert. Das in den „inclusion bodies" befindliche recPrP wurde durch die chromatographischen Methoden der „immobilisierten-Metallionen-Affinitäts-Chromatographie" (IMAC) und der „reversed phase high performance liquid chromatography" (rp-HPLC) von Verunreinigungen getrennt.

3.3.1 Präparation der „inclusion bodies"

Der Zellaufschluss von 1 g Zellpellet suspendiert in 5 ml 1x PBS wurde, wie in Kapitel 2.6 beschrieben, in einer „french press" durchgeführt. Es resultierte ein im Gegensatz zu unaufgeschlossenen Zellen weißliches Lysat. Durch die in Kapitel 2.6 beschriebenen Zentrifugationsschritte war es möglich, die löslichen Zellbestandteile weitestgehend von den unlöslichen „inclusion bodies" zu trennen. 0,5 g der pelletierten „inclusion bodies" wurden in 5 ml 8 M GdmCl 12,5 mM Tris/HCl über Nacht bei 4 °C solubilisiert. Das resultierende Solubilisat, in dem sich neben recPrP auch andere Proteine und Zellbestandteile befanden, wurde einem ersten chromatographischen Reinigungsschritt unterzogen.

3.3.2 Chromatographische Reinigung des recPrP

Ziel der ersten chromatographischen Reinigung mittels IMAC war die Trennung des recPrP von den in den „inclusion bodies" enthaltenen Verunreinigungen. Im darauf folgenden Arbeitsschritt sollte der Polyhistidin-Tag des recPrP durch die proteolytische Behandlung mit Faktor Xa (FXa) abgetrennt werden. Der abgetrennte Polyhistidin-Tag sowie die Protease FXa sollten durch einen weiteren chromatographischen Reinigungsschritt, mittels rp-HPLC, von dem recPrP getrennt werden.

3.3.2.1 Immobilisierte-Metallionen-Affinitäts-Chromatographie

Der Polyhistidin-Tag des recPrP ermöglichte die Anwendung der IMAC als ersten Reinigungsschritt. Die Reinigung wurde wie in Kapitel 2.7.2 beschrieben

Ergebnisse

durchgeführt. Die Flussrate wurde während des IMAC-Laufs konstant bei 1 ml/min gehalten. Nach der Äquilibrierung der Säule mit dem Äquilibrierungspuffer wurden 5 ml des „inclusion bodies"-Solubilisates injiziert. Nach einem Waschschritt, bei dem 15 ml Äquilibrierungspuffer durch die Säule gepumpt wurden, begann die Elutionsphase durch die Injektion des Elutionspuffers.

Das Chromatogramm eines IMAC-Laufs mit huPrP 129M ist in Abbildung 30 gezeigt. Das Chromatogramm zeigt einen Peak innerhalb der ersten 10 ml des Durchflussvolumens. Während des Waschschritts fällt die Absorption wieder auf das Anfangsniveau ab. Nach einem Durchflussvolumen von 25 ml wurde der Elutionspuffer injiziert. Es zeigt sich ein zweiter Absorptionspeak ab einem Durchflussvolumen von 26 ml.

Das „inclusion bodies"-Solubilisat sowie die gesammelten Fraktionen des ersten und zweiten Peaks wurden per SDS-PAGE analysiert. Das coomassiegefärbte PAA-Gel zeigt in dem „inclusion bodies"-Solubilisat eine große Zahl von Proteinbanden, die einem Molekulargewicht von 10 bis weit über 20 kDa entsprechen. Eine prominente Bande ist unterhalb von 20 kDa zu erkennen (Abbildung 30 A). Die Fraktionen des ersten Peaks zeigen eine große Zahl von Proteinbanden, die überwiegen einem Molekulargewicht von mehr als 20 kDa entsprechen (Abbildung 30 B). Die Analyse des zweiten Peaks zeigt neben einigen Verunreinigungen die prominente Proteinbande unterhalb von 20 kDa, (Abbildung 30 C).

Die Analyse mittels SDS-PAGE mit Coomassiefärbung zeigt, dass der erste Absorptionspeak durch alle nicht an die Ni-NTA bindenden Proteine oder Zellbestandteile verursacht wurde. Der zweite Absorptionspeak wurde durch das an die Ni-NTA gebundenen Proteine verursacht, die durch das im Elutionspuffer enthaltene Imidazol eluiert wurden. Der prominenten Bande der Elutionsfraktion kann ein Molekulargewicht von ca. 18 kDa zugeordnet werden, was darauf hindeutet, dass es sich um das huPrP handelt. Durch die Anwendung der IMAC konnte somit ein Reinigung des huPrP gezeigt werden.

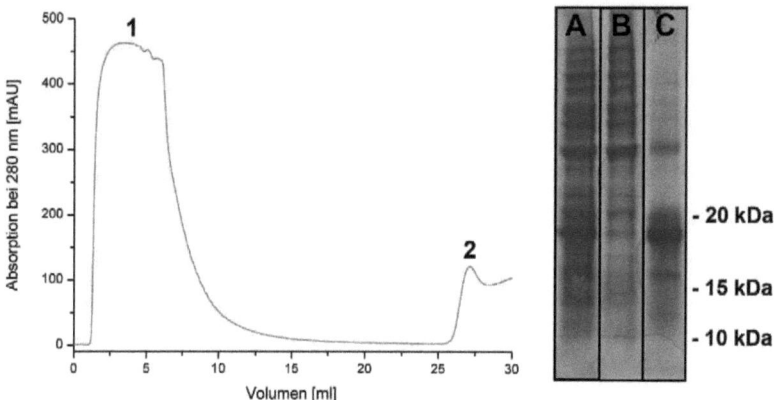

Abbildung 30 – Reinigung des huPrP 129M mit „inclusion bodies"-Solubilisat aus *E.coli*-Zellen mittels IMAC - SDS-PAGE der gesammelten Fraktionen
Das Chromatogramm zeigt die Absorption bei 280 nm in Abhängigkeit zu dem Durchflussvolumen. Der erste Peak (**1**) enthält alle nicht an die Ni-NTA bindenden Zellbestandteile. Der zwei Peak (**2**) enthält alle Zellbestandteile, die nach Injektion des Elutionspuffers von der Säule eluiert wurden. Das coomassiegefärbte PAA-Gel zeigt die Bestandteile des injizierten „inclusion bodies"-Solubilisates (**A**) sowie die Bestandteile Fraktionen (**B;C**), die den Absorptionspeaks (**1;2**) des IMAC-Laufs entsprechen.

3.3.2.2 Reduktion und Oxidation der Disulfidbrücke des recPrP

Wie in Kapitel 2.7.3 beschrieben erfolgte an diesem Punkt durch die Applikation von 10 mM DTT zunächst die Reduktion der Disulfidbrücken. Nach einem zweimaligen Pufferaustausch mit 6 M GdmCl Tris/HCl pH 8 in Centricon-Filtereinheiten durch Zentrifugation bei 4000 x g für 30 Minuten, wurde die Proteinlösung auf 10 mM GSH und 1 mM GSSG eingestellt. Durch eine einstündige Inkubation bei RT sollte Oxidation der intramolekularen Disulfidbrücke erfolgen. Eine Überprüfung dieser Reaktion erfolgte an dieser Stelle nicht. Die korrekte Faltung des recPrP wurde aber zu einem späteren Zeitpunkt per CD-Spektroskopie überprüft.

3.3.2.3 Enzymatische Behandlung des recPrP durch die Protease FXa zwecks Abtrennung des Polyhistidin-Tags

Um die Vergleichbarkeit zur nativen PrP-Sequenz und zu Experimenten mit recPrP anderer Spezies aus vorherigen Arbeiten zu gewährleisten, sollte der für den ersten Reinigungsschritt notwendige Polyhistidin-Tag im Zuge der Reinigung des recPrP abgetrennt werden. Dies wurde durch eine Schnittstelle der Protease FXa ermöglicht, die direkt zwischen der Sequenz des Polyhistidin-Tags und der PrP-Sequenz liegt (Abbildung 28).

Die Abtrennung des Polyhistidin-Tags erfolgte, wie in Kapitel 2.7.4 beschrieben, durch eine 24-stündige proteolytische Behandlung des recPrP mit der Protease FXa. Die Reaktion erfolgte bei RT in 1x FXa-Puffer. Die Konzentration von FXa lag bei 0,5 Units pro µg recPrP.

In Abbildung 31 ist eine SDS-PAGE-Analyse einer Zeitreihe der proteolytischen Behandlung von 10 µg recPrP zu sehen. Das recPrP mit Polyhistidin-Tag weist eine molekulare Masse von etwa 18,7 kDa auf, dies entspricht der prominenten Bande zum Zeitpunkt 0 in Abbildung 31 A. Schon nach zwei Stunden Co-Inkubation des recPrP mit der Protease FXa ist eine schwächere 18 kDa Bande zu erkennen, die nach ca. acht Stunden nicht mehr per Coomassie-Färbung nachzuweisen ist. In gleichem Maße ist die Zunahme einer 16 kDa Bande über die Zeit erkennbar. Nach 24-stündiger proteolytischer Behandlung mit FXa beläuft sich die molekulare Masse der prominentesten Bande auf etwa 16 kDa, was auf die Abtrennung des Polyhistidin-Tags schließen lässt. Der Western-Blot mit immunologischen Nachweis mittels eines für den Polyhistidin-Tag spezifischen Antikörpers bestätigt dieses Ergebnis (Abbildung 31 B). Eine Detektion des Polyhistidin-Tags ist nur für die 18 kDa Bande möglich und nimmt mit der Zeit stark ab. Die schwach gefärbte Bande bei ~30 kDa entspricht dem Molekulargewicht der zugegebenen Protease FXa, dessen zwei Untereinheiten 29 und 34 kDa schwer sind.

Aus den Ergebnissen der SDS-PAGE-Analyse sowie des Western-Blots der Zeitreihe einer proteolytischen Behandlung von recPrP mit FXa kann auf eine vollständige Abtrennung des Polyhistidin-Tags nach 24 Stunden geschlossen werden.

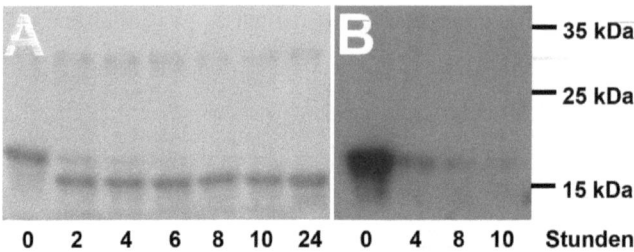

Abbildung 31 – Coomassie-gefärbtes PAA-Gel und Western-Blot einer Zeitreihe der enzymatischen Behandlung des huPrP 129M durch die Protease FXa
Die Bande bei ~18 kDa entspricht dem unbehandelten huPrP 129M und ist im PAA-Gel (**A**) nach 8 Stunden nicht mehr nachweisbar. Die Bande bei ~16 kDa entspricht dem Molekulargewicht des huPrP 129M ohne Polyhistidin-Tag. Anhand der Bandengröße ist eine Zunahme der Proteinmenge erkennbar. Der Western-Blot (**B**) mit einem für den Polyhistidin-Tag spezifischen AK zeigt dementsprechend eine deutliche Abnahme der Lumineszenz der ~18 kDa Bande über die Zeit.

3.3.2.4 „reversed phase high performance liquid chromatography"

Durch den Reinigungsschritt mittels „reversed phase high performance liquid chromatography" (rp-HPLC), sollte die Trennung des recPrP von den noch enthaltenen Verunreinigungen durchgeführt werden. Insbesondere sollte eine Trennung von dem zuvor abgetrennte Polyhistidin-Tag, sowie der dafür benötigte Protease FXa erfolgen.

Die Reinigung mittels rp-HPLC wurde, wie in Kapitel 2.7.5 beschrieben, mit einer C4-Säule bei einer Flussrate von 5 ml/min durchgeführt. Nach der Äquilibrierung der C4-Säule mit 3 Säulenvolumen $H_2O_{deion.}$ wurde der FXa-Ansatz injiziert. Anschließend wurde die Acetonitril-(ACN)-Konzentration des Laufpuffers graduell erhöht, wodurch die an die Säulenmatrix gebundenen Proteine entsprechend ihrer Hydrophobizität eluiert wurden.

Abbildung 32 zeigt das Chromatogramm eines rp-HPLC-Laufs von huPrP 129M. Das Chromatogramm zeigt einen prominenten Absorptionspeak nach ~27 Minuten. Die diesem Peak zugehörigen Fraktionen wurden gesammelt und für den nächsten Arbeitsschritt bei 4 °C gelagert. Der direkt folgende Peak bei einer Retentionszeit von ~29 Minuten wurde verworfen. Aus Ergebnissen früherer vergleichbarer Experimente mit recPrP anderer Spezies (Stöhr 2007; Panza 2009) war bekannt, bei welcher ACN-Konzentration das recPrP eluiert. Die Retentionszeiten des ersten und zweiten Peaks entsprachen den Ergebnissen vorheriger Arbeiten, die recPrP anderer Spezies verwendeten. So konnte dem ersten Peak die oxidierte, dem zweiten Peak die reduzierte Form des recPrP zugeordnet werden (Stöhr 2007; Panza 2009).

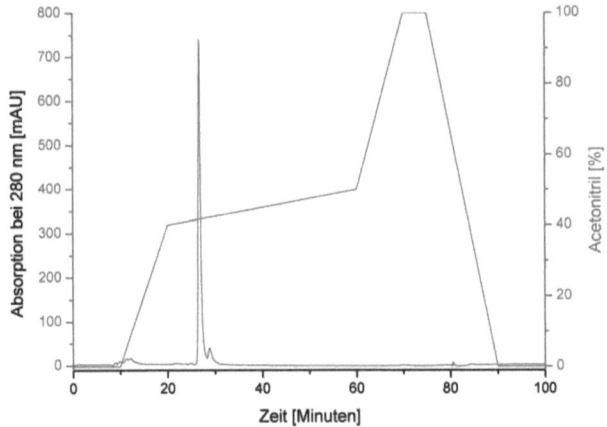

Abbildung 32 – Chromatogramm eines rp-HPLC-Laufs mit huPrP 129M
Das Chromatogramm zeigt die Absorption bei 280 nm in Abhängigkeit von der Zeit (blau) sowie die ACN-Konzentration in Abhängigkeit von der Zeit (rot). Der prominente Absorptionspeak nach ~27 Minuten enthält die oxidierter Form des huPrP und wurde in Fraktionen gesammelt. Der zweite, kleinere Peak nach ~29 Minuten entspricht dem reduzierten huPrP und wurde verworfen.

3.3.3 Konzentrations- und Reinheitsbestimmung des gereinigten recPrP

Nach der Reinigung des recPrP mittels rp-HPLC sollten die HPLC-Fraktionen vereinigt und lyophilisiert werden. Anschließend sollte das recPrP in Lagerungspuffer solubilisiert werden und die Reinheit des recPrP ermittelt werden.

Die Lyophilisierung des recPrP der HPLC-Fraktionen erfolgte wie in Kapitel 2.8 beschrieben. Die Rückfaltung von 1,5 mg recPrP erfolgte durch die Zugabe von 1 ml Lagerungspuffer. Die Solubilisierung des recPrP wurde durch die

Inkubation bei 37 °C und 800 rpm erreicht (Kapitel 2.9). Die Konzentration recPrP-Lösung wurde mittels BCA-Test und Absorptionsspektroskopie bestimmt und auf 1,5 mg/ml eingestellt. In Bezug auf einen Liter LB-Expressionsmedium der Hauptkultur lag die Ausbeute an gereinigtem recPrP bei allen durchgeführten Proteinexpressionen zwischen 5 und 10 mg.

Zur Abschätzung der Reinheit wurde eine Verdünnungsreihe der recPrP-Lösung angefertigt und mittels SDS-PAGE mit anschließender Coomassie-Färbung analysiert. Ebenso wurde eine Western-Blot-Analyse mit immunologischem Proteinnachweis durchgeführt, um nachzuweisen, dass es sich bei dem gereinigten Protein um PrP handelt.

Die Reinheit der Proteinlösung kann anhand von Abbildung 33 A geschätzt werden. Die einzige prominente Bande liegt mit ca. 16 kDa auf Höhe des erwarteten Molekulargewichts von 16,3 kDa. Mögliche Verunreinigungen liegen unterhalb der Nachweisgrenze der Coomassie-Färbung. Abbildung 33 B zeigt den entsprechenden Western-Blot mit immunologischem Proteinnachweis unter Verwendung des für PrP spezifischen Antikörpers 12F10. Auf Höhe von 16 kDa ist eine stark lumineszierende Bande erkennbar. Weitere Banden sind nicht zu erkennen. Exemplarisch ist nur die Verdünnungsreihe des huPrP 129M dargestellt, die anderen in dieser Arbeit hergestellten recPrP zeigen ein vergleichbares Reinheitsniveau.

Anhand der Ergebnisse der Western-Blot-Analyse konnte gezeigt werden, dass es sich bei dem exprimierten und gereinigten Protein um PrP handelt. Die SDS-PAGE-Analyse deutet auf eine hohe Reinheit des recPrP hin.

Ergebnisse 89

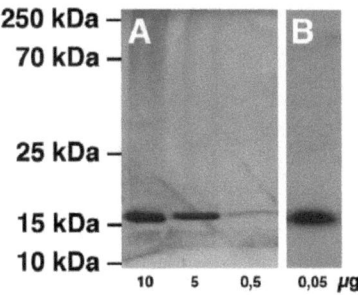

Abbildung 33 – Coomassie-gefärbtes PAA-Gel und Western-Blot mit Verdünnungsreihe des huPrP zur Abschätzung der Reinheit
Das Coomassie-gefärbte PAA-Gel (**A**) zeigt eine Verdünnungsreihe von huPrP von 10 bis 0,5 mg, die einzige prominente Bande liegt bei ~16 kDa. Der Western-Blot (**B**) zeigt eine lumineszierende Bande auf gleicher Höhe (1. AK: 12F10; 2.AK: GaMPO).

3.3.4 Analyse der Proteinsequenz des huPrP

Durch die Anwendung der Massenspektrometrie sollte überprüft werden, ob die gereinigten huPrP-Varianten 129M und 129V der Sequenz des humanen PrP entsprechen.

Wie in Kapitel 2.11 beschrieben, wurden dafür die huPrP-Banden der zwei Varianten aus einem PAA-Gel ausgeschnitten und an ein analytisches Labor verschickt. Die dort durchgeführte umfasste zunächst einen tryptischen Proteolyse des huPrP aus der definierte Teilpeptide hervorgehen. Die Teilpeptide wurden mittels Flüssigchromatografie getrennt und massenspektrometrischen analysiert (LC/MS). Mit Hilfe der Flugzeitanalyse („time of flight", TOF) konnte den Teilpeptiden eine Masse zugeordnet werden. Durch die Anwendung der MS/MS-Analyse, durch die einige Peptide in noch kleinere Bruchstücke zerlegt wurden, war es möglich eine Sequenzierung dieser Peptide durchzuführen.

Abbildung 34 zeigt die Ergebnisse der massenspektrometrischen Analyse für die Variante huPrP 129M. Neben den durch die MS-Identifikation abgedeckten Sequenzbereichen (Abbildung 34 A) werden die Massespektren gezeigt (Abbildung 34 B-F) in denen die den Einzelpeptiden zugeordneten Peaks markiert sind. Die identischen Sequenzbereiche konnten auch für die huPrP-Variante 129V nachgewiesen werden.

Durch die massenspektrometrische Analyse konnte gezeigt werden, dass die Sequenzen der huPrP-Varianten denen des humanen PrP entsprechen. Darüber hinaus wurde der dem M129V-Polymorphismus entsprechende Sequenzunterschied, der huPrP-Varianten 129M und 129V bestätigt.

Alle hier gezeigten Ergebnisse wurden durch Prof Dr. Simone König des Interdisziplinären Zentrums für Klinische Forschung (IZKF; Bereich Proteomik) der Westfälischen Wilhelms Universität Münster durchgeführt.

Ergebnisse

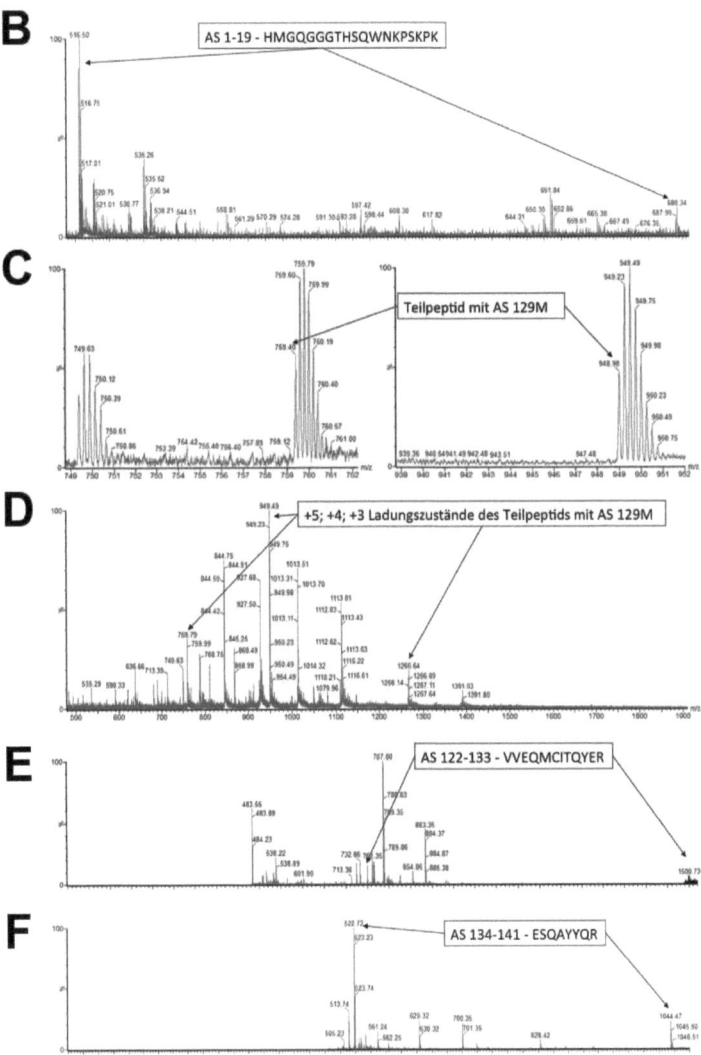

Abbildung 34 – Massenspektrometrische Analyse des huPrP 129M
Die Abbildung zeigt die massenspektrometrisch detektierten Teilpeptide nach tryptischer Proteolyse des huPrP 129M (**A**), unterstrichene Sequenzbereiche des huPrP konnten massenspektrometrisch erfasst werden. Die Massespektren, in denen die den Teilpeptiden zugeordneten Peaks markiert sind, können den weitern Abbildungsteilen (**B-F**) entnommen werden.

3.4 Charakterisierung des prä-amyloiden Zustands des recPrP

In dieser Arbeit sollte das SDS-basierte *in vitro* Konversionssystem unter Verwendung von huPrP etabliert werden. In Arbeiten, die das *in vitro* Konversionssystem auf Basis von recPrP der Spezies Hamster, Schaf, Rind und Maus etablierten, wurde der prä-amyloide Zustand des recPrP anderer Spezies durch die Anwendung biophysikalischer Methoden charakterisiert. Die Sekundärstruktur des prä-amyloiden Zustands von recPrP anderer Spezies zeigte meist eine α-helikal dominierte Sekundärstruktur mit „random coil"-Anteilen. Untersuchungen mittels analytischer Ultrazentrifugation konnten ein Monomer-Dimer Gleichgewicht zeigen. Des Weiteren konnte für recPrP anderer Spezies innerhalb des *in vitro* Konversionssystem die Ausbildung von amyloiden Fibrillen gezeigt werden. Die spezifische SDS-Konzentration, in der die Fibrillenbildung beobachtet werden konnte, wurde für recPrP anderer Spezies bestimmt (Tabelle 4). Analog zu den vorherigen Arbeiten sollte die spezifische SDS-Konzentration für huPrP bestimmt werden. Auch der prä-amyloide Zustand des huPrP und des cerPrP sollten biophysikalisch charakterisiert werden.

3.4.1 Sekundärstrukturanalyse des recPrP

Die Charakterisierung des prä-amyloiden Zustands des recPrP umfasste die Bestimmung der Sekundärstrukturanteile des recPrP in Abhängigkeit von der SDS-Konzentration mittels CD-Spektroskopie.
Die spektroskopischen Messungen wurden in 10 mM NaP_i pH 7,4 und 250 mM NaCl durchgeführt. Die recPrP-Konzentration betrug 300 ng/µl. Der SDS-Konzentrationsbereich, wurde so gewählt, dass sowohl der Konzentrationsbereich von 0,01-0,05% abgedeckt ist, in dem eine Fibrillenbildung erwartet wird, als auch die SDS-Konzentrationen von 0,1% und 0,2% in dem in vorherigen Arbeiten mit recPrP anderer Spezies eine α-helikale-dominierte Sekundärstruktur mit „random coil"-Anteilen gezeigt werden konnte. Die CD-Messungen wurden über einen Wellenlängenbereich von 190-260 nm

bei 20°C durchgeführt. Weitere Messparameter können Tabelle 8 entnommen werden.

Die Ergebnisse der CD-Messungen der huPrP-Varianten sowie des cerPrP sind in Abbildung 35 dargestellt. In SDS-Konzentrationen von 0,01% SDS zeigte sich nach wenigen Sekunden eine deutliche Trübung der Lösung. Die CD-Spektren der recPrP dieser SDS Konzentration wiesen eine zu geringe Amplitude auf um ausgewertet zu werden. Sowohl bei den huPrP-Varianten 129M und 129V als auch bei cerPrP zeigt sich in SDS-Konzentrationen von 0,2% und 0,1% ein CD-Spektrum mit einem ausgeprägten Minimum bei ~208 nm und einem Sattelpunkt bei ~220 nm. Im Vergleich mit CD-Referenzspektren (Abbildung 22) deutet das hier gezeigte CD-Spektrum auf eine α-helikale-dominierte Sekundärstruktur mit „random coil"-Anteilen hin (Abbildung 35 A-C). In den niedrigeren SDS-Konzentrationen von 0,05-0,02% zeigte sich bei den in dieser Arbeit untersuchten huPrP-Varianten sowie dem cerPrP ist ein Übergang des CD-Spektrums zu einem Spektrum mit einem einzelnen Minimum bei ~220 nm. Im Vergleich mit CD-Referenzspektren entspricht das einer β-Faltblatt-dominierten Sekundärstruktur. Des Weiteren zeigt sich eine Verschiebung des Nulldurchgangs von ~200 nm zu ~205 nm was im Vergleich mit CD-Referenzspektren (Abbildung 22) ebenfalls für einen erhöhten β-Faltblatt Anteil spricht (Abbildung 35).

Im Vergleich zu den huPrP-Varianten zeigt cerPrP in der niedrigsten SDS-Konzentration von 0,02% eine verminderte Amplitude was auf eine erhöhte Aggregation des cerPrP hinweist (Abbildung 35 C).

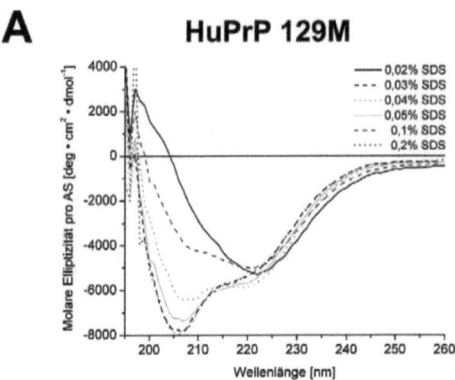
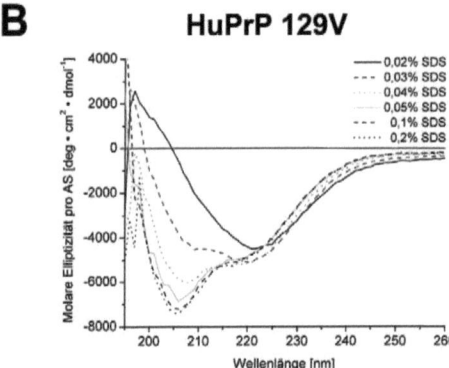
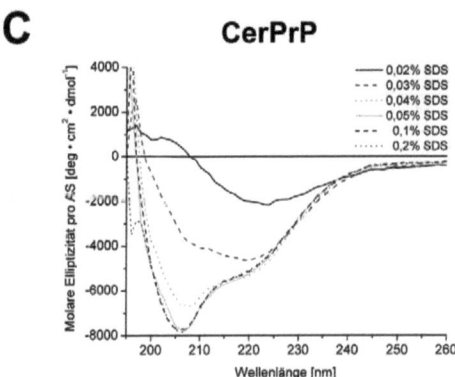

Die hier gezeigten CD-Spektren zeigen die molare Elliptizität pro Aminosäurerest in Abhängigkeit von der Wellenlänge. Die CD-Messung von 300 ng/µl recPrP in 10 mM NaP$_i$ pH 7,4 und 250 mM NaCl wurden mit verschiedenen SDS-Konzentrationen durchgeführt, die den Bereich von 0,02% bis 0,2% abdecken.

A/B: Die huPrP-Varianten 129M und 129V zeigen in 0,2% und 0,1% SDS eine α-helikale Sekundärstruktur, erkennbar an einem CD-Spektrum mit einem Minimum bei ~208 nm und dem Sattelpunkt bei ~220 nm, der zusätzlich auf „random coil"-Anteile hindeutet. In niedrigeren SDS-Konzentrationen von 0,05-0,02% verschiebt sich das CD-Spektrum zu einem Spektrum mit einem einzelnen Minimum bei ~220 nm, was einer β-Faltblatt-dominierten Sekundärstruktur entspricht. Auch die Verschiebung des Nulldurchgangs von ~200 nm zu ~205 nm ist ein Hinweis auf einen erhöhten β-Faltblatt-Anteil.

C: Die CD-Spektren des cerPrP zeigen einen dem Spektrum des huPrP sehr ähnlichen Verlauf. Einzig in der SDS-Konzentration von 0,02% zeigt sich eine verminderte Amplitude, die auf eine erhöhte Aggregation des cerPrP schließen lässt.

Abbildung 35 – CD-Spektren der huPrP-Varianten 129M und 129V sowie von cerPrP in Abhängigkeit zu der SDS-Konzentration

Ergebnisse 95

3.4.2 Bestimmung des Oligomerisierungsgrades des huPrP

Die Analyse des Oligomerisierungsgrades des prä-amyloiden Zustands des huPrP wurde durch eine Sedimentationsgeschwindigkeits-Experiment in einer analytischen Ultrazentrifuge durchgeführt (AUZ).

Der Oligomerisierungsgrad des huPrP sollte zu einem frühen Zeitpunkt der spontanen Fibrillogenese zu bestimmt werden. Daher wurden Fibrillogeneseansätze der beiden huPrP-Varianten 129M und 129V mit PrP-Konzentrationen von 40 und 80 ng/µl in 10 mM NaP$_i$ pH 7,4; 250 mM NaCl und 0,02% SDS angesetzt. Die Fibrillogeneseansätze wurden für 5 Tage bei 37 °C und 650 rpm inkubiert. Jeweils 300 µl der Fibrillogeneseansätze wurden in eine AUZ-Messzellen überführt. Als Referenz wurde 10 mM NaP$_i$ pH 7,4; 250 mM NaCl und 0,02% SDS verwendet. Das Sedimentationsgeschwindigkeits-Experiments wurde mit Hilfe einer Ultrazentrifuge durchgeführt, die dabei eingestellten Messparameter können Tabelle 9 entnommen werden.

Die Auswertung der Sedimentationsprofile der huPrP-Varianten erfolgte durch die Analysesoftware Ultrascan 3. Für den Fit der Messdaten wurde eine Modell gewählt, welches nicht-interagierende unabhängige Molekülspezies voraussetzt. Die Fit-Prozedur umfasste eine 2-dimensionale Analyse der gemessenen Spektren sowie einen genetischen Algorithmus, der eine stochastische Optimierung des Fits ermöglicht.

Durch die Analyse der Messdaten konnten in den Fibrillogeneseansätzen mit 80 ng/µl huPrP zwei Molekülspezies identifiziert werden (Abbildung 36; Tabelle 12). Die Hauptkomponente war mit 65% vertreten, hatte einen *s*-Wert von 3,15 S und ein berechnetes Molekulargewicht von ~40,7 kDa (Abbildung 36 C). Die Qualität des während der Auswertung der Daten durchgeführten Kurvenfits, kann anhand der Wurzel der mittleren quadratischen Verschiebung (engl. „root mean squared displacement"; RMSD) beurteilt werden und lag bei einem RMSD von 0,00322 A$_{230}$. Das anhand der Sequenz des huPrP 129M berechnete

Molekulargewicht eines Dimers beträgt ~32,6 kDa. Da davon ausgegangen werden kann, dass SDS-Moleküle an das huPrP gebunden sind (Jansen *et al.* 2001), wird bei dieser Spezies von einem Dimer mit ~28 gebundenen SDS-Molekülen ausgegangen. Die zweite Molekülspezies ist mit einem *s*-Wert von 0,186 S und einem berechneten Molekulargewicht von 0,33 kDa angegeben. Da das berechnete Molekulargewicht deutlich geringer ist, als das theoretische Molekulargewicht eines huPrP-Monomers, handelt es sich hier vermutlich um ein Artefakt des Kurvenfits, verursacht durch eine leicht erhöhte Null-Linie, die durch die Analysesoftware als vermeintliche Molekülspezies interpretiert wurde. Die Auswertung der Messdaten der huPrP-Variante 129V sowie beider Varianten in niedrigeren PrP-Konzentrationen (40 ng/µl) zeigten ähnliche Ergebnisse. Die Ergebnisse der Auswertung der Messungen mit 80 ng/µl huPrP beider huPrP-Varianten können Tabelle 12 entnommen werden. Durchführung und Auswertung der AUZ-Experimente erfolgte durch Martin Wolff aus dem Institut für Physikalischen Biologie der Heinrich-Heine-Universität Düsseldorf.

Tabelle 12 – Ergebnisse der AUZ-Analyse der huPrP-Varianten 129M und 129V

Parameter	huPrP 129M	huPrP 129V
Spezies 1 [%]	34,2	45,7
s-Wert [S]	0,186 ± 0,003	0,128 ± 0,001
Reibungsverhältnis *f/f0*	1	1
berechnetes MW [kDa]	0,33 ± 0,001	0,15 ± 0,001
Spezies 2 [%]	64,8	54,3
s-Wert [S]	3,15 ± 0,01	3,02 ± 0,01
Reibungsverhältnis *f/f0*	1,5	1,5
berechnetes MW [kDa]	40,69 ± 0,25	41,69 ± 0,068
theoretisches MW [kDa]	32,65	32,59
Anzahl gebundener SDS-Moleküle	~28	~31
RMSD des Kurvenfits [A_{230}]	0,0032	0,0040

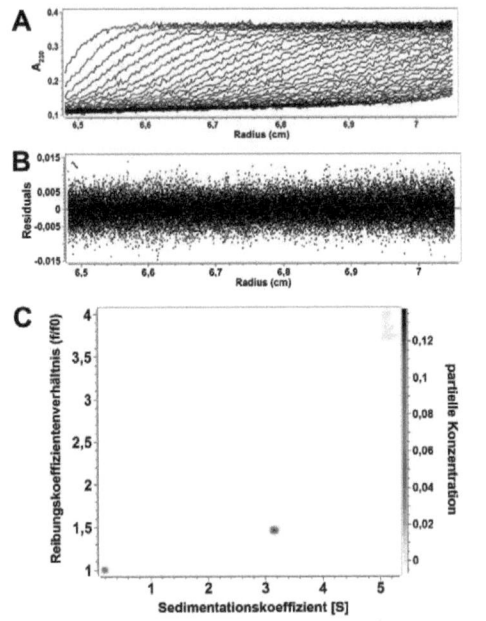

Um den Oligomerisierungsgrad des prä-amyloiden Zustands des huPrP zu untersuchen wurden ein Sedimentationsgeschwindigkeits-Experiments durchgeführt.

A Gezeigt ist die Absorption (A_{230}) im Bezug auf den Radius des Rotors. Durch zeitlich aufeinander folgende radiale Absorptionsmessungen kann die Sedimentation des huPrP gemessen werden (Es ist nur jede dritte Messung dargestellt).

B Darstellung der Abweichung („Residuals") der Messwerte (A_{230}) von dem Kurvenfit der radialen Absorptionsmessungen in Bezug auf den Radius des Rotors.

C Darstellung der durch die Datenauswertung identifizierten Molekülspezies unter Berücksichtigung von Reibungsverhältnis, Sedimentationskoeffizient und partieller Konzentration. Die einem huPrP-Dimer entsprechende Molekülspezies liegt bei einem Reibungsverhältnis von 1,5 und einem Sedimentations-koeffizienten von 3,1.

Abbildung 36 – Ergebnisse des Sedimentationsgeschwindigkeits-Experiments des huPrP 129M

3.5 Charakterisierung der spontanen Fibrillogenese des recPrP

Die Charakterisierung der spontanen Fibrillogenese im SDS-basierten *in vitro* Konversionssystem basierte hauptsächlich auf Fluoreszenzmessungen, die durch die Verwendung auf dem amyloid-spezifischen Fluoreszenzfarbstoff Thioflavin T (ThT) ermöglicht wurden (ThT-Assay).

Zunächst sollte die SDS-Konzentration bestimmt werden, in der eine Fibrillogenese der huPrP-Varianten beobachtet werden kann. Diese SDS-Konzentration sollte auch für die Etablierung der keiminduzierten Fibrillogenese verwendet werden.

Des Weiteren sollte der Einfluss des M129V-Polymorphismus auf die spontane Fibrillogenese der huPrP-Varianten untersucht werden. Außerdem sollte die Struktur der spontan erzeugten Proteinfibrillen fluoreszenz- und elektronenmikroskopisch untersucht werden.

3.5.1 Einfluss der SDS-Konzentration auf die spontane Fibrillogenese des huPrP

Aus früheren Arbeiten mit recPrP anderer Spezies ist bekannt, dass die Fibrillogenese von recPrP im *in vitro* Konversionssystem in einem SDS-Konzentrationsbereich von 0,01-0,05% beobachtet werden kann. Daher sollte in dieser Arbeit untersucht werden, welcher SDS-Konzentrationsbereich für die Fibrillogenese der huPrP-Varianten 129M und 129V notwendig ist.

Wie in Kapitel 2.15 beschrieben, wurde die Untersuchung der Fibrillogenese des huPrP in 96-Well Mikrotiterplatten (MTP) in einem Plattenleser mit Fluoreszenzoptik durchgeführt (ThT-Assay). Die recPrP-Konzentration in den Wells der MTP betrug 150 ng/µl huPrP in 10 mM NaP_i pH 7,4; 250 mM NaCl und 5 µM ThT. Die SDS-Konzentration lag im Bereich von 0,01-0,05% und wurde in unterschiedlichen Ansätzen in 0,01%-Schritten untersucht. Die MTP wurde bei 37 °C und 600 rpm schüttelnd inkubiert und die ThT-spezifische Fluoreszenz der einzeln Wells alle 30 Minuten gemessen. Die relativen Fluoreszenzmesswerte (RFU) entsprechen jeweils dem arithmetischen Mittel aus 25 Einzelmessungen eines Wells.

Abbildung 37 zeigt die Aggregationskinetiken der huPrP-Varianten 129M und huPrP 129V in einem Konzentrationsbereich von 0,02-0,05% SDS. Da huPrP in Konzentrationen von ≤0,02% innerhalb weniger Minuten aggregiert und ausfällt, wurden in diesem SDS-Konzentrationsbereich keine Fluoreszenzmessungen durchgeführt. Sowohl für huPrP 129M als auch für huPrP 129V konnte eine ThT-spezifischer Anstieg der Fluoreszenz nur in Ansätzen mit 0,02% SDS gezeigt werden. Die Aggregationskinetiken zeigen einen sigmoiden Verlauf bestehend aus Lag-Phase, exponentieller Phase und Plateau-Phase.

Darüber hinaus zeigt sich bei der Variante huPrP 129M in manchen Ansätzen mit 0,03% SDS ein leichter Anstieg der ThT-spezifischen Fluoreszenz. Die Fluoreszenzerhöhung ist allerdings im Vergleich zu 0,02% SDS sehr gering.

Ergebnisse

Der Vergleich der Aggregationskinetiken der Varianten huPrP 129M und 129V zeigt eine verkürzte Lag-Phase und steilere Steigung der exponentielle Phase der Variante 129V. Die Variante 129M zeigt einen abgeflachten Verlauf und erreicht die Plateau-Phase erst ca. 150-200 Stunden später. Eine vergleichende Analyse der Aggregationskinetiken der beiden huPrP-Varianten wird im folgenden Kapitel 3.5.2 beschrieben.

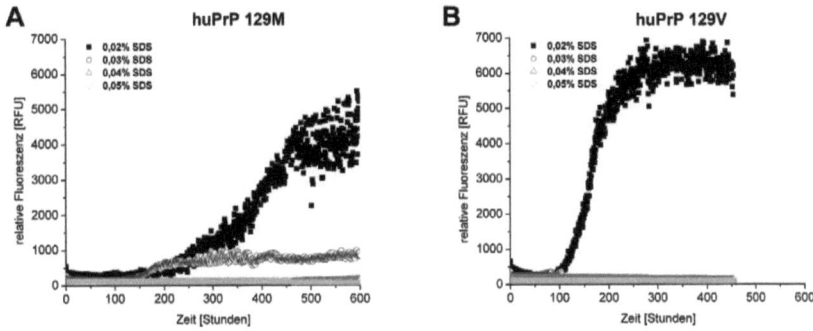

Abbildung 37 – Aggregationskinetiken der spontane Fibrillogenese der huPrP-Varianten 129M und 129V in Abhängigkeit von der SDS-Konzentration
Die spontane Fibrillogenese der huPrP-Varianten 129M (A) und 129V (B) wurde durch die Messung der ThT-spezifischen Fluoreszenz in Abhängigkeit von der Zeit dargestellt. Für beide Varianten wurde die Fibrillenbildung bei verschiedene SDS-Konzentrationen untersucht. Beide huPrP-Varianten zeigen bei 0,02% SDS eine ThT-spezifische Fluoreszenzerhöhung.

3.5.2 Einfluss des M129V-Polymorphismus auf die spontane Fibrillogenese

Um den Einfluss des M129V-Polymorphismus auf die Fibrillogenese des huPrP zu analysieren sind in Abbildung 38 die Aggregationskinetiken aus jeweils zehn identischen Fibrillogeneseansätzen der huPrP-Varianten 129M und 129V vergleichend dargestellt. Der Versuchsablauf entspricht den Versuchen der spontanen Fibrillogenese des huPrP im ThT-Assay, beschrieben in Kapitel 3.5.1. Der direkte Vergleich der Aggregationskinetiken zeigt tendenzielle Unterschiede in Bezug auf die Lag-Phase, den Verlauf der Kinetik und der Plateau-Phase. Die huPrP Variante 129V zeigt eine verkürzte Lag-Phase von z.T. <200 Stunden gegenüber der huPrP Variante 129M, deren Lag-Phase ≥200 Stunden beträgt. Der Verlauf einiger Aggregationskinetiken der Variante 129V weist eine steilere Steigung der exponentiellen Phase auf und erreicht in der Plateau-Phase eine höhere relative Fluoreszenzintensität als die Variante 129M, deren Aggregationskinetiken einen abgeflachten Verlauf zeigen.

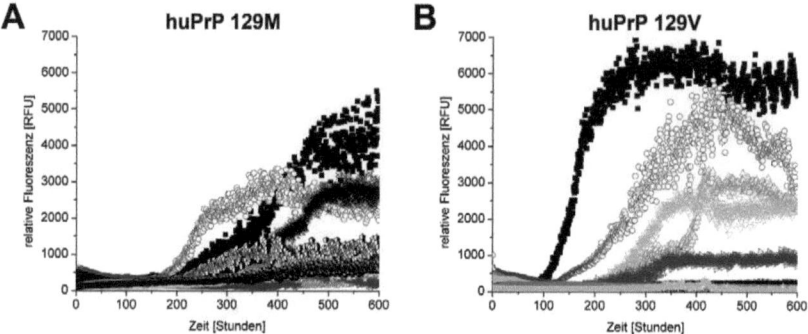

Abbildung 38 – Vergleich der spontanen Fibrillogenese entsprechend des M129V-Polymorphismus
Die Aggregationskinetiken der huPrP-Varianten 129M (**A**) und 129V (**B**) zeigen im direkten Vergleich tendenzielle Unterschiede in Bezug auf die Lag-Phase, den Verlauf der Aggregationskinetik und die Plateau-Phase.

3.5.3 Totalreflexionsmikroskopische Aufnahmen von rekombinanten huPrP-Fibrillen

Die Struktur der innerhalb der spontanen Fibrillogenese erzeugten huPrP-Fibrillen wurde mit Hilfe der TIRF-Mikroskopie untersucht (Kapitel 2.16). Durch die Anwendung des für amyloide Fibrillen spezifischen Fluoreszenzfarbstoffs ThT konnte eine Anregung des an die huPrP-Fibrillen gebundenen Farbstoffs erfolgen und ermöglichte deren Abbildung. Die in dieser Arbeit untersuchten huPrP-Fibrillen entstammen der Plateau-Phase von spontanen Fibrillogeneseansätzen des huPrP (Kapitel 2.15). 10 µl eines Fibrillogeneseansatzes wurden auf einem gereinigte Objektträger durch Trocknung fixiert. Anschließend wurden 10 µl einer 10 µM ThT-Lösung aufgetropft. Die Analyse mittels TIRF-Mikroskopie erfolgte mit Hilfe eines Öl-Immersionsobjektivs. Die Bilder wurden bei einer Anregungswellenlänge von 405 nm durch eine CCD-Kamera mit einer Expositionszeit von einer Sekunde aufgenommen.

Ergebnisse 101

Abbildung 39 zeigt eine Auswahl von Aggregaten aus Fibrillogeneseansätzen von huPrP 129M, die per TIRF-Mikroskopie dargestellt wurden. Am häufigsten waren fluoreszierende Aggregate erkennbar, die vornehmlich an den Seitenrändern faserige Strukturen erkennen ließen. Seltener waren freiliegende faserige Aggregate nachweisbar. Die Länge der faserigen Aggregate lag bei 1-5 µm. Die Analyse von huPrP 129V zeigte vergleichbare Ergebnisse. In Negativkontrollen in denen spontane Fibrillogeneseansätze analysiert wurden, die keine ThT-spezifische Fluoreszenzerhöhung zeigten, waren vergleichbaren Strukturen nicht zu finden.

Der Nachweis ThT-positiver Aggregate deutete auf eine amyloide Struktur der huPrP-Aggregate hin, allerdings ist die Auflösung optischer Mikroskope zu gering, um eine fibrilläre Struktur nachzuweisen. Für den Nachweis der fibrilläre Struktur sollten daher elektronenmikroskopische Aufnahmen der huPrP-Aggregate erfolgen.

Die hier gezeigten fluoreszenzmikroskopischen Aufnahmen wurden in Zusammenarbeit mit Dr. Oliver Bannach und Michael Wördehoff, aus dem Institut für Physikalischen Biologie der Heinrich-Heine-Universität Düsseldorf, erstellt.

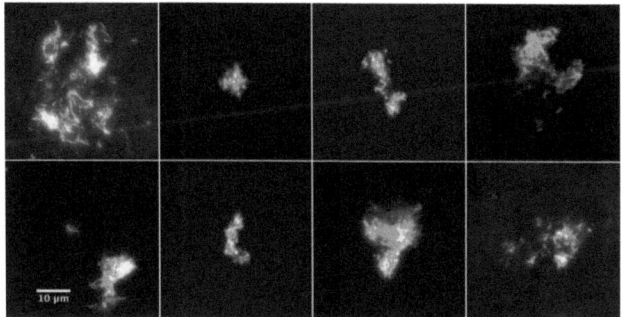

Abbildung 39 – Fluoreszenzmikroskopische Abbildungen von ThT-gefärbten huPrP-Aggregaten
Die mittels TIRF-Mikroskopie erstellten Abbildungen zeigen durch ThT-gefärbte huPrP-Aggregate der spontanen Fibrillogenese mit huPrP der Variante 129M. Vor allem am Rand größerer Aggregate sind faserige Strukturen erkennbar, vereinzelt sind auch freiliegende Fasern zu finden.

3.5.4 Elektronenmikroskopische Aufnahmen von huPrP-Fibrillen

Um zu analysieren, ob es sich bei ThT-positiven Aggregaten die per TIRF-Mikroskopie gezeigt wurden, um Proteinfibrillen handelt, wurden Proben aus dem identischen Fibrillogeneseansatz per Transmissions-Elektronenmikroskopie (TEM) untersucht.

Die Vorbereitung der EM-Netze, sowie die Probenfixierung und Negativkontrastierung ist detailliert in Kapitel 2.17 beschrieben. 5 µl des Fibrillogeneseansatz wurden auf einem zuvor beglimmten Nickel-EM-Netz mit einer Kohle-Formvar-Beschichtung fixiert und für 30 Sekunden mit 40 µl 2% Ammoniummolybdat negativkontrastiert. Nach einer 24-stündigen Trocknung der EM-Netze bei RT wurden die EM-Netze verschickt und mittels TEM untersucht. Die TEM-Aufnahmen wurden bei einer Beschleunigungsspannung von 80 kV angefertigt.

Abbildung 40 zeigt eine Auswahl elektronenmikroskopischer Aufnahmen, auf denen negativkontrastierte fibrilläre Proteinstrukturen erkennbar sind, die eine geschätzte Länge von einigen hundert nm sowie einen Durchmesser von ~20 nm aufweisen. Mit Hilfe der Elektronenmikroskopie konnten einzelne Proteinfibrillen visualisiert werden.

Alle hier gezeigten TEM-Bilder wurden von Prof. Dr. Jan Stöhr des Institute for Neurodegenerative Diseases der University of California San Francisco angefertigt.

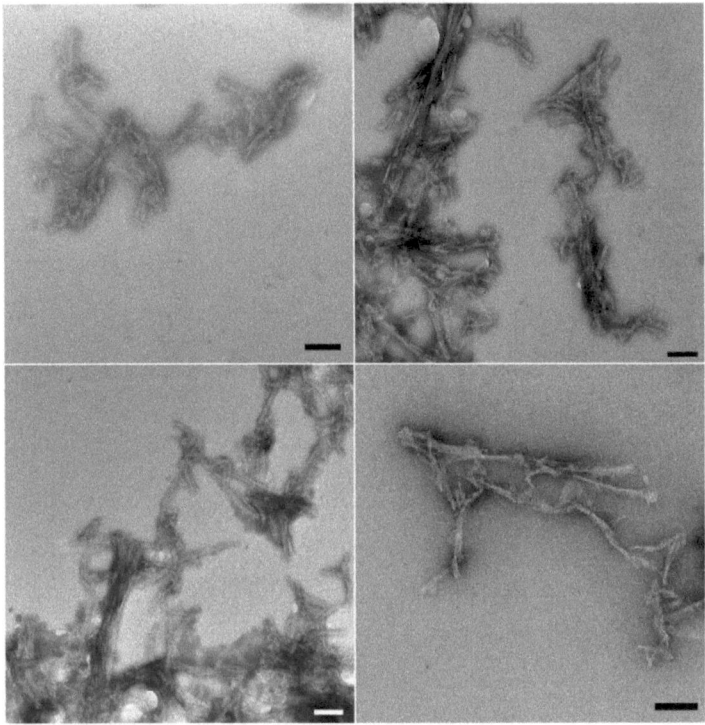

Abbildung 40 – Transmissionselektronenmikroskopische Aufnahmen von huPrP-Fibrillen
Die elektronenmikroskopischen Aufnahmen zeigen negativkontrastierte huPrP-Fibrillen aus einem spontanen Fibrillogeneseansatz. Einzelne Proteinfibrillen sind erkennbar, die eine Länge von bis zu einigen hundert nm aufweisen. Der Längenstandard entspricht 100 nm.

3.6 Charakterisierung der keiminduzierten Fibrillogenese

Aufbauend auf den Ergebnissen der spontanen Fibrillogenese sollte die keiminduzierte Fibrillogenese des huPrP im SDS-basierten *in vitro* Konversionssystem etabliert werden. In Arbeiten mit recPrP der Spezies Hamster, Schaf, Rind und Maus konnte gezeigt werden, dass die Zugabe eines spezifischen Keims zu einer Verkürzung der Lag-Phase im Vergleich zu der entsprechenden spontanen Fibrillogenese führte, sodass die Plateau-Phase schon innerhalb von Stunden erreicht wurde (Stohr *et al.* 2008; Panza *et al.* 2010).

Innerhalb dieser Arbeit wurden zum einen huPrP-Fibrillen als Keime verwendet, die für eine weiterführende Analyse des Einflusses der Sequenzvarianten entsprechend des M129V-Polymorphismus herangezogen wurden. Zum anderen wurden Keime verwendet, die aus Hirngewebe verschiedener Spezies präpariert wurden, um das bei Prionkrankheiten auftretende Phänomen der Speziesbarriere zu untersuchen.

3.6.1 Einfluss von Keimen aus recPrP-Fibrillen in Abhängigkeit der Sequenzvariante entsprechend des M129V-Polymorphismus

Durch die Verwendung von Keimen aus huPrP-Fibrillen verschiedener Sequenzvarianten sollte ein möglicher Einfluss dieser auf die Fibrillogenese des huPrP untersucht werden.

Keime aus huPrP-Fibrillen, entsprechend der Sequenzvarianten des M129V-Polymorphismus, wurden aus spontanen Fibrillogeneseansätzen entnommen, die sich in der Plateau-Phase befanden. Diese Keime wurden in den Fibrillogeneseansätzen von huPrP beider huPrP-Varianten verwendet. Es wurde sowohl die homogene Kombination (129M in 129M und 129V in 129V) als auch die heterogene Kombination (129M in 129V und 129V in 129M) untersucht.

Der Versuchsablauf entspricht der Durchführung der spontanen Fibrillogenese, die in Kapitel 3.5.1 beschrieben ist, mit dem Unterschied, dass zu Beginn der Fibrillogenese 10% (v/v) einer huPrP-Fibrillen-Suspension als Keim zugegeben wurde.

Die Aggregationskinetiken einer keiminduzierten Fibrillogenese unter Verwendung huPrP-Fibrillen als Keime, sind in Abbildung 41 dargestellt. Die homogenen Kombinationen zeigen mit unter fünf Stunden die kürzeste Lag-Phase und gleichzeitig die höchste ThT-spezifische Fluoreszenz im Bereich der Plateau-Phase. Die Analyse der heterogenen Kombination zeigt einen Unterschied in Bezug auf die Intensität der ThT-spezifischen Fluoreszenz. Werden huPrP-Fibrillen der Variante 129M in einem Fibrillogeneseansatz der huPrP-Variante 129V verwendet, zeigt sich im Bereich der Plateau-Phase im Vergleich mit den homogenen Kombinationen eine geringere

Fluoreszenzintensität (~50%). Werden im umgekehrten Fall huPrP-Fibrillen der Variante 129V in einem Fibrillogeneseansatz der huPrP-Variante 129M verwendet, zeigt sich keine ThT-spezifische Fluoreszenzerhöhung. In Kontrollansätzen, in denen entweder nur huPrP-Fibrillen oder nur huPrP-Monomere in entsprechendem Puffer eingesetzt wurden, kann ebenfalls kein Anstieg der ThT-spezifischen Fluoreszenz gezeigt werden.

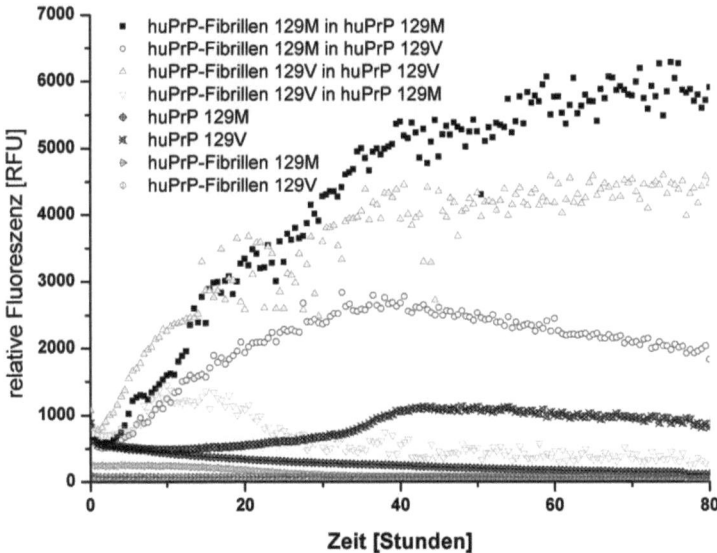

Abbildung 41 – Keiminduzierte Fibrillogenese von huPrP unter Verwendung von huPrP-Fibrillen als Keime
Die Messung der relativen ThT-spezifischen Fluoreszenz in Abhängigkeit der Zeit zeigt im Fall der Zugabe eines Keims aus spontan erzeugten recPrP-Fibrillen innerhalb von 80 Stunden eine Zunahme der ThT-spezifischen Fluoreszenz. Hierbei wird je nach huPrP-Variante des Keims eine unterschiedlich hohe Fluoreszenzintensität innerhalb der Plateau-Phase erreicht. Die homogenen Kombinationen von Keim und Substrat (129M in 129M und 129V in 129V) zeigen dabei die höchste Fluoreszenzintensität im Bereich der Plateau-Phase. Die heterogene Kombination (129M in 129V) zeigt eine geringere Fluoreszenzintensität im Bereich der Plateau-Phase. Die umgekehrte heterogene Kombination (129V in 129M), sowie die Kontrollansätze in denen nur huPrP-Fibrillen oder nur recPrP-Monomere verwendet wurden, zeigen keine Fluoreszenzerhöhung im untersuchten Zeitraum von 80 Stunden.

3.6.2 Einfluss von aus Hirngewebe präparierten Keimen

Die Präparation von Keimen aus Hirngewebe von an Prionkrankheiten erkrankten Menschen und Tieren ermöglicht die Einbringung dieser in das *in vitro* Konversionssystem und in entsprechender Kombination damit die Analyse des bei Prionkrankheiten auftretenden Phänomens der Speziesbarriere. Die Keime, die in dieser Arbeit Verwendung fanden, wurden durch eine modifizierte Phosphorwolframsäure-Fällung (PTA-Fällung) aus Hirngewebe vorgereinigt und konzentriert.

Eine der wesentlichen Fragestellungen dieser Arbeit ist die Analyse des molekularen Mechanismus der Speziesbarriere in Bezug auf die Übertragbarkeit verschiedener tierischer Prionkrankheiten auf den Menschen. Als Positivkontrolle der keiminduzierten Fibrillogenese des huPrP wurden Keime aus Hirngewebe von an CJD erkrankten Menschen verwendet. Keime tierischen Ursprungs wurden aus Hirngewebe von an Scrapie erkrankten Schafen, an BSE erkrankten Rindern und an CWD erkrankten Hirschen präpariert. Als Negativkontrolle wurde jeweils PTA-gefälltes Hirngewebe gesunder Menschen bzw. der entsprechenden Tiere verwendet.

3.6.2.1 Überprüfung der Fällungseffizienz der PTA-Fällung

Mit Hilfe der PTA-Fällung sollten Prion-Keime aus Hirngewebe von an Prionkrankheiten erkrankten Menschen und Tieren präpariert werden. Als Negativkontrolle sollten Prion-negative Keime aus PTA-gefälltem Hirngewebe gesunder Menschen bzw. Tiere präpariert werden.

Die PTA-Fällung aus Hirngewebe umfasste zwei Fällungsschritte unter Verwendung von 2% PTA sowie einen Waschschritt mit 100 mM NaP_i pH 7,4. Zwischen den Fällungs- und Waschschritten erfolgte eine 45-minütige Zentrifugation mit 14.000 x g, um die Präzipitate zu pelletieren. Im letzten Schritt der PTA-Fällung wurde das mit Ultraschall behandelte Pellet als Keim für die keiminduzierte Fibrillogenese verwendet. Eine detaillierte Beschreibung der PTA-Fällung kann Kapitel 2.18.4 entnommen werden.

Für die Analyse der Fällungsspezifität wurden während der Fällungsprozedur 10 µl Aliquote des Hirngewebes, des ersten Fällungsschritts, des Waschschritts und des für die keiminduzierte Fibrillogenese verwendeten Präzipitats entnommen. Die Hälfte jedes Aliquotes wurde einer proteolytischen Behandlung mit Proteinase K (PK) unterzogen, die andere Hälfte verblieb unbehandelt. Alle Proben wurden gelelektrophoretisch getrennt und einem Western-Blot mit immunologischen Proteinnachweis unterzogen. Insbesondere sollte überprüft werden, ob in Hirnhomogenaten von an einer Prionkrankheit Erkrankten, PrP^{Sc} nachweisbar ist. Des Weiteren sollte analysiert werden, ob PrP^C durch den Fällungsprozess in Prion-negativen Kontroll-Keimen angereichert wird.

Abbildung 42 zeigt den Western-Blot von Proben einer PTA-Fällung aus CJD-positiven und CJD-negativen Hirnhomogenaten. In CJD-negativem Hirnhomogenat ist PrP nur in Proben nachweisbar, die PK-unbehandeltem Hirnhomogenat entstammen (Abbildung 42; Spur 1 des PAA-Gels). Auch zeigt sich keine Resistenz gegenüber der proteolytischen Behandlung mit PK (Spur 2). In dem darauf folgenden Überstand des Waschschritts sowie in dem Präzipitat, das als CJD-negativer Keim eingesetzt wurde, ist kein PrP nachweisbar (Spur 3-8).

Auch in CJD-positivem Hirnhomogenat ist PrP im unbehandelten Hirnhomogenat nachweisbar (Spur 10), ein Proteolyse dieser Probe mittels PK zeigt PK-resistentes PrP (Spur 11). Im ersten Überstand der ersten Fällung ist nur noch wenig PrP nachweisbar (Spur 12), nach PK-Behandlung ist hier kein PK-resistentes PrP mehr nachweisbar. Im Überstand des Waschschritts ist kein PrP nachzuweisen (Spur 14/15). Im als CJD-Keim für die keiminduzierte Fibrillogenese verwendeten Pellet kann PrP detektiert werden (Spur 16).

Durch die SDS-PAGE-Analyse mit Western-Blot konnte gezeigt werden, dass PrP nicht in PTA-gefälltem CJD-negativen Hirngewebe vorhanden ist. Hingegen ist PrP in PTA-gefälltem CJD-positiven Hirngewebe, das als CJD-positiver Keim eingesetzt wurde, nachweisbar.

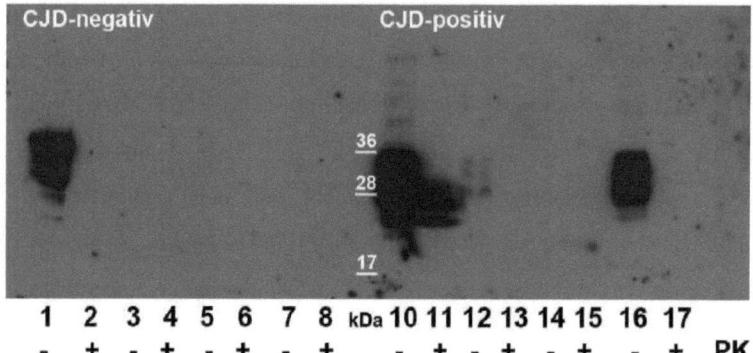

Abbildung 42 – Überprüfung der Fällungsspezifität der PTA-Fällung
Der Western-Blot zeigt gelelektrophoretisch getrennte Proben des Hirnhomogenats, sowie Proben des Waschschritts und der für die keiminduzierte Fibrillogenese verwendeten Präzipitate. In CJD-negativem Hirnhomogenat ist PrP nur im Ausgangsmaterial nachweisbar (Spur 1) und zeigt keine PK-Resistenz (Spur 2). In CJD-positivem Hirnhomogenat ist PrP im Ausgansmaterial (Spur 10), im ersten Fällungsschritt (Spur 12), sowie im für die keiminduzierte Fibrillogenese verwendeten Präzipitat (Spur 16) nachweisbar. Hingegen ist im Präzipitat des CJD-negativen Hirnhomogenats kein PrP nachweisbar. Eine PK-Resistenz ist nach der PK-Behandlung nur im Ausgangsmaterial des CJD-positiven Hirnhomogenats erkennbar (Spur 11).

3.6.3 Einfluss von CJD-Keimen auf die Fibrillogenese des huPrP

Für die Etablierung der keiminduzierte Fibrillogenese des huPrP unter Verwendung von Prion-Keimen zur Untersuchung des Phänomens der Speziesbarriere sollte zunächst die homologe Kombination von CJD-Keim und huPrP analysiert werden. Die homologe Kombination von Prion-Keim und recPrP diente gleichzeitig als Positivkontrolle für spätere Versuche mit Prion-Keimen tierischen Ursprungs.

Durchführung und Messparameter des ThT-Assays entsprachen, bis auf zwei Unterschiede, denen der spontanen Fibrillogenese des huPrP (Kapitel 2.15). Der erste Unterschied bestand in der Konzentration des huPrP, die auf 50 ng/µl gesenkt wurde. Der zweite Unterschied bestand darin, dass dem Fibrillogeneseansatz zu Beginn des Experiments der Prion-Keim bzw. der Prion-negative Keim zugegeben wurde (Kapitel 2.18.5). Die Keime wurden durch die PTA-Fällung von Hirngewebe von an CJD erkrankten Menschen

Ergebnisse

gewonnen (CJD-Keime). Als Negativkontrolle wurde PTA-gefälltes Hirngewebe von gesunden Menschen verwendet (CJD-negativer Keim). Des Weiteren wurde die Fluoreszenzmessung nur für 100 Stunden durchgeführt, da eine spontane Fibrillenbildung innerhalb dieses Zeitraums nicht beobachtet werden konnte (Kapitel 3.5).

Abbildung 43 zeigt eine Aggregationskinetik von huPrP 129M unter Verwendung von CJD-Keimen und CJD-negativen Keimen. Aufgetragen ist die ThT-spezifische Fluoreszenz in Bezug auf die Zeit. Im Falle der Verwendung eines CJD-Keims ist nach einer Lag-Phase von ~20 Stunden ein exponentieller Anstieg der ThT-spezifischen Fluoreszenz zu erkennen. Nach ~40 Stunden wird die Plateau-Phase erreicht. Im Vergleich dazu zeigt die Messung unter Verwendung des CJD-negativen Keims keinen Anstieg der ThT-spezifischen Fluoreszenz innerhalb des Messzeitraumes. Die Verwendung von huPrP 129V als Substrat der keiminduzierten Fibrillogenese zeigte vergleichbare Ergebnisse.

Es konnte gezeigt werden, dass eine Beschleunigung der Fibrillogenese des huPrP im Fall der Verwendung eines CJD-Keims zu beobachten ist. Hingegen hatte die Verwendung eines CJD-negativen Keims keinen Einfluss auf die huPrP-Fibrillogenese. Somit konnte die Etablierung der keiminduzierte Fibrillogenese des huPrP unter Verwendung eines homologen Keims gezeigt werden.

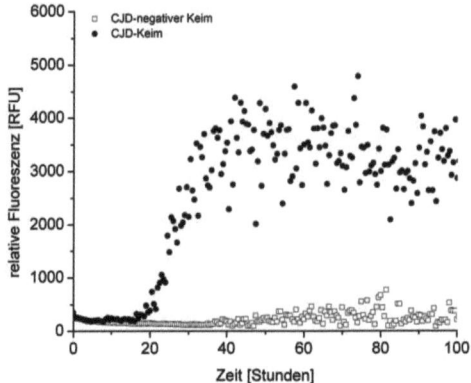

Abbildung 43 – Einfluss von CJD-Keimen und CJD-negativen Keime auf die Fibrillogenese von huPrP 129M
Die keiminduzierte Fibrillogenese des huPrP wurde durch die Messung der ThT-spezifische Fluoreszenz in Abhängigkeit von der Zeit dargestellt. In Fibrillogeneseansätzen des huPrP in denen ein CJD-Keim zugegeben wurde, zeigt sich nach ~20 Stunden eine ThT-spezifische Fluoreszenzerhöhung. Die Plateau-Phase wird nach ~40 Stunden erreicht. In Fibrillogeneseansätzen in denen ein CJD-negativer Keim zugegeben wurde, zeigt sich im untersuchten Messzeitraum kein Anstieg der Fluoreszenz.

3.6.4 Einfluss von BSE-Keimen auf die Fibrillogenese des huPrP

Zuvor konnte eine Beschleunigung der Fibrillogenese des huPrP durch die Verwendung eines homologen CJD-Keims gezeigt werden. Folgend sollte der Einfluss einer heterologen Kombination von Prion-Keim und huPrP untersucht werden. Zu diesem Zweck wurden PTA-gefällte Keime aus Hirngewebe von an BSE erkrankten Rindern verwendet (BSE-Keime). Parallel dazu wurde als Negativkontrolle PTA-gefälltes Hirngewebe von gesunden Rindern verwendet (BSE-negativer Keim). Die entsprechende homologe Positivkontrolle mit BSE-Keimen in bovPrP wurde im Zuge einer anderen Arbeit durchgeführt. Es konnte durch die Zugabe eines BSE-Keims einen Anstieg der ThT-spezifischen Fluoreszenz gezeigt werden. Ein BSE-negativer Keim zeigte keine Beschleunigung der Fibrillogenese des bovPrP (Panza *et al.* 2010).

Die Durchführung entsprach der keiminduzierten Fibrillogenese unter Verwendung von CJD-Keimen (Kapitel 3.6.3).

Ergebnisse

Abbildung 44 zeigt eine Aggregationskinetik von huPrP 129M unter Verwendung von BSE-Keimen und BSE-negativen Keimen. Aufgetragen ist die ThT spezifische Fluoreszenz in Bezug auf die Zeit. Im Falle der Verwendung eines BSE-Keims ist nach einer Lag-Phase von ~25 Stunden ein exponentieller Anstieg der ThT-spezifischen Fluoreszenz zu erkennen, die nach ~50 Stunden in die Plateau-Phase mündet. Im Vergleich dazu zeigt die Messung unter Verwendung der Negativkontrollen keinen Anstieg der ThT-spezifischen Fluoreszenz innerhalb des Messzeitraumes. Die Verwendung von huPrP 129V als Substrat der keiminduzierten Fibrillogenese zeigte vergleichbare Ergebnisse. In diesem Versuchsteil konnte die Beschleunigung der Fibrillogenese des huPrP im Fall der Verwendung eines heterologen BSE-Keims gezeigt werden. Die Zugabe eines BSE-negativen Keims zeigte keinen Einfluss auf die huPrP-Fibrillogenese. Neben der homologen Kombination von CJD-Keim und huPrP konnte somit auch die keiminduzierte Fibrillogenese der heterologen Kombination von BSE-Keim und huPrP etabliert werden.

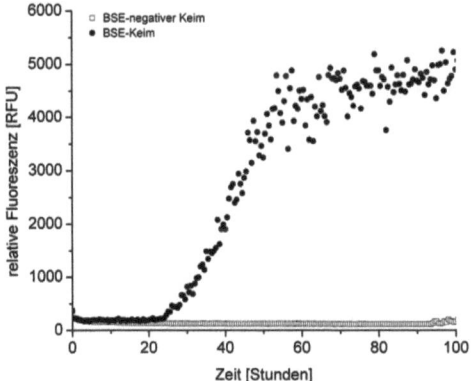

Abbildung 44 – Einfluss von BSE-Keimen und BSE-negativen Keimen auf die Fibrillogenese von huPrP 129M
Die keiminduzierte Fibrillogenese des huPrP wurde durch die Messung der ThT-spezifische Fluoreszenz in Abhängigkeit von der Zeit dargestellt. In Fibrillogeneseansätzen des huPrP in denen ein BSE-Keim zugegeben wurde, zeigt sich nach ~25 Stunden eine ThT-spezifische Fluoreszenzerhöhung. Die Plateau-Phase wird nach ~50 Stunden erreicht. In Fibrillogeneseansätzen in denen ein BSE-negativer Keim zugegeben wurde, zeigt sich im untersuchten Messzeitraum kein Anstieg der Fluoreszenz.

3.6.5 Einfluss von Scrapie-Keimen auf die Fibrillogenese des huPrP

Sowohl durch die Verwendung eines homologen (CJD-Keim) als auch die eines heterologen Prion-Keims (BSE-Keim) konnte eine Beschleunigung der huPrP-Fibrillogenese gezeigt werden. In Anbetracht der *in vivo* zu beobachtenden Übertragbarkeit von CJD und BSE auf den Menschen sollte folgend der Einfluss des heterologen Scrapie-Keims auf die Fibrillogenese des huPrP untersucht werden, da eine Übertragung von Scrapie auf den Menschen bisher nicht beobachtet wurde.

Die Durchführung entsprach der keiminduzierten Fibrillogenese unter Verwendung von CJD-Keimen (Kapitel 3.6.3).

PTA-gefällte Keime aus Hirngewebe von an Scrapie erkrankten Schafen wurden im ThT-Assay in Kombination mit huPrP verwendet. Als Negativkontrolle wurde analog dazu PTA-gefälltes Hirngewebe von gesunden Schafen verwendet (Scrapie-negative Keime). Die entsprechende homologe Positivkontrolle mit Scrapie-Keimen in ovPrP wurde in einer anderen Arbeit untersucht. Durch die Zugabe eines Scrapie-Keims konnte einen Anstieg der ThT-spezifischen Fluoreszenz innerhalb der keiminduzierten Fibrillogenese des ovPrP gezeigt werden. In Kombination mit einem Scrapie-negativen Keim zeigte sich kein Anstieg der ThT-spezifischen Fluoreszenz (Panza *et al.* 2010).

Abbildung 45 zeigt die keiminduzierte Fibrillogenese von huPrP 129M unter Verwendung von Scrapie-Keimen im Vergleich mit einer Scrapie-negativen Keimen als Negativkontrolle. Aufgetragen ist die ThT-spezifische Fluoreszenz in Bezug auf die Zeit. Weder in Fibrillogeneseansätzen unter Verwendung von Scrapie-Keimen noch unter Verwendung von Scrapie-negativen Keimen ist ein Anstieg der ThT-spezifischen Fluoreszenz innerhalb des Messzeitraumes erkennbar. Die Verwendung von huPrP 129V als Substrat der keiminduzierten Fibrillogenese zeigte vergleichbare Ergebnisse.

Die Verwendung heterologer Scrapie-Keime konnte somit keinen Einfluss auf die Fibrillogenese des huPrP zeigen.

Ergebnisse 113

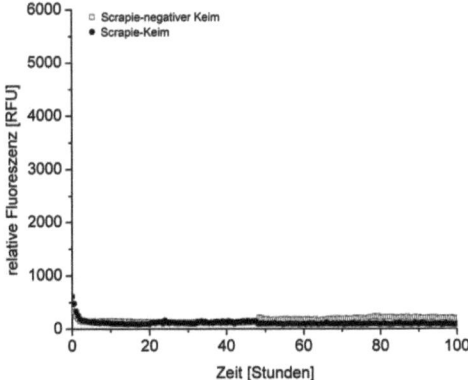

Abbildung 45 – Einfluss von Scrapie-Keimen und Scrapie-negativen Keimen auf die Fibrillogenese von huPrP 129M
Die keiminduzierte Fibrillogenese des huPrP wurde durch die Messung der ThT-spezifische Fluoreszenz in Abhängigkeit von der Zeit dargestellt. Weder Fibrillogeneseansätzen des huPrP in denen ein Scrapie-Keim zugegeben wurde, noch in solchen, in denen ein Scrapie-negativer Keim zugegeben wurde, zeigt sich im untersuchten Messzeitraum ein Anstieg der ThT-spezifischen Fluoreszenz.

3.6.6 Einfluss von CWD-Keimen auf die Fibrillogenese des huPrP

Die Untersuchung der Speziesbarriere zwischen Hirsch und Mensch mittels der keiminduzierten Fibrillogenese des huPrP erforderte die Untersuchung des Einfluss von CDW-Keimen. Um die heterologe Kombination von CWD-Keimen in huPrP beurteilen zu können, sollte zuerst die homologe Kombination eines CWD-Keims in cerPrP als Positivkontrolle untersucht werden. Zunächst wurden dafür die Pufferbedingungen bestimmt, in denen eine spontane Fibrillenbildung des cerPrP beobachtet werden konnte. Eine Konzentrationsreihe von 0,02 bis 0,05% SDS zeigte, analog zu huPrP, einen Anstieg der ThT-spezifischen Fluoreszenz bei 0,02% SDS (Abbildung 46 A). Diese SDS-Konzentration wurde im folgenden für die Versuche der keiminduzierte Fibrillogenese des cerPrP verwendet.

Die Durchführung entsprach der keiminduzierten Fibrillogenese unter Verwendung von CJD-Keimen (Kapitel 3.6.3).

Wie zuvor erwähnt, sollte als Positivkontrolle der keiminduzierten Fibrillogenese des huPrP die homologe Kombination eines CWD-Keims in cerPrP untersucht werden. Dafür wurden PTA-gefällte Keime aus Hirngewebe von an CWD erkrankten Hirschen präpariert (CWD-Keime) und in cerPrP als Keim verwendet. Entsprechend wurden Keime aus PTA-gefälltem Hirngewebe von gesunden Hirschen als Negativkontrolle verwendet (CWD-negative Keime).

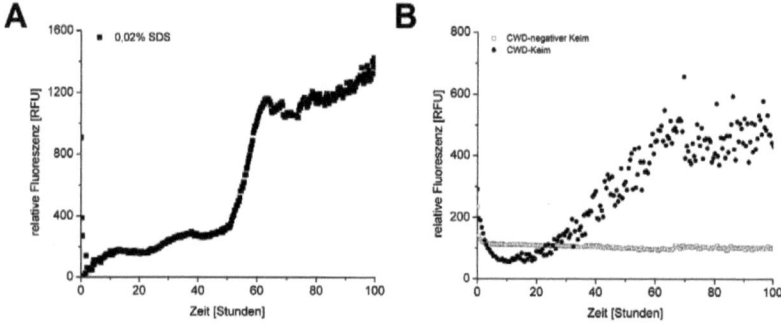

Abbildung 46 – Spontane und keiminduzierte Fibrillogenese des cerPrP
Die spontane und keiminduzierte Fibrillogenese des cerPrP wurde durch die Messung der ThT-spezifische Fluoreszenz in Abhängigkeit von der Zeit dargestellt. (**A**) In Fibrillogeneseansätzen mit 0,02% SDS zeigt sich nach ~50 Stunden ein Anstieg der ThT-spezifischen Fluoreszenz. Nach ~60 Stunden ist die Plateau-Phase erreicht. (**B**) In Fibrillogeneseansätzen des cerPrP in denen ein CWD-Keim zugegeben wurde, zeigt sich nach ~20 Stunden eine ThT-spezifische Fluoreszenzerhöhung. Die Plateau-Phase wird nach ~60 Stunden erreicht. In Fibrillogeneseansätzen in denen ein CWD-negativer Keim zugegeben wurde, zeigt sich im untersuchten Messzeitraum kein Anstieg der Fluoreszenz.

Abbildung 46 B zeigt eine Aggregationskinetik von cerPrP unter Verwendung von CWD-Keimen und CWD-negativen Keimen. Aufgetragen ist die ThT-spezifische Fluoreszenz in Bezug auf die Zeit. Im Falle der Verwendung eines CWD-Keims ist nach einer Lag-Phase von ~20 Stunden ein Anstieg der ThT-spezifischen Fluoreszenz erkennbar, die nach ~60 Stunden die Plateau-Phase erreicht. Im Vergleich dazu zeigt die Aggregationskinetik unter Verwendung eines CWD-negativen Keims innerhalb des Messzeitraumes keinen Anstieg der ThT-spezifischen Fluoreszenz. Da durch die Verwendung von CWD-Keimen ein Einfluss auf die Fibrillogenese des cerPrP gezeigt werden konnte, sollte anschließend die heterologe Kombination von CWD-Keimen in huPrP untersucht werden.

Abbildung 47 zeigt die keiminduzierte Fibrillogenese von huPrP 129M nach der Zugabe von CWD-Keimen und CWD-negativen Keimen als Negativkontrolle. Weder die Zugabe von CWD-Keimen noch die Zugabe des CWD-negativen Keims führte zu einem Anstieg der ThT-spezifischen Fluoreszenz innerhalb des Messzeitraumes. Die Verwendung von huPrP 129V als Substrat der keiminduzierten Fibrillogenese zeigte vergleichbare Ergebnisse.

Durch die Verwendung von CWD-Keimen konnte somit eine Beschleunigung der Fibrillogenese des cerPrP gezeigt werden. Im Falle der heterologen Kombination von CWD-Keimen mit huPrP konnte kein Einfluss auf die huPrP-Fibrillogenese gezeigt werden.

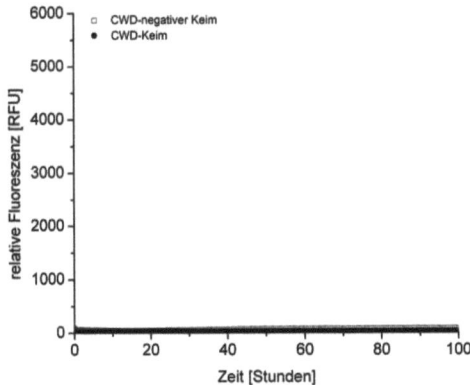

Abbildung 47 – Einfluss von CWD-Keimen und CWD-negativen Keimen auf die Fibrillogenese von huPrP 129M
Die keiminduzierte Fibrillogenese des huPrP wurde durch die Messung der ThT-spezifische Fluoreszenz in Abhängigkeit von der Zeit dargestellt. Weder Fibrillogeneseansätzen des huPrP in denen ein CWD-Keim zugegeben wurde, noch in solchen, in denen ein CWD-negativer Keim zugegeben wurde, zeigt sich im untersuchten Messzeitraum ein Anstieg der ThT-spezifischen Fluoreszenz.

3.6.7 Auswertung der untersuchten Kombinationen der intra- und interspezifischen keiminduzierten *in vitro* Konversion des huPrP

In den vorangegangenen Kapiteln 3.6.3 bis 3.6.6 wurde die keiminduzierte Fibrillogenese des huPrP unter Verwendung unterschiedlicher Keime der Spezies Mensch, Rind, Schaf und Hirsch untersucht. Die keiminduzierten Fibrillogenese wurden für jede Spezieskombination in identischen Experimenten wiederholt. Um einen Vergleich aller durchgeführten Einzelexperimente zu ermöglichen, sollte für die Prion-Keime jedes Einzelexperiments eine Keim-Aktivität berechnet werden. Sowohl der Einfluss der Prion-positiven als auch der Prion-negativen Keime eines Einzelexperiments auf die huPrP-Fibrillogenese sollte berücksichtigt werden. Daher wurden die Messwerte der relativen Fluoreszenz beider Kinetiken eines Einzelexperiments in die Berechnung der Keim-Aktivität einbezogen. Die Keim-Aktivität berechnet sich aus dem Mittelwerte der relativen Fluoreszenz im Zeitraum der 80. bis 100. Stunde (Plateau-Phase) einer Aggregationskinetik unter Verwendung des Prion-Keims, dividiert durch den Mittelwert der relativen Fluoreszenz des selben Zeitraums der Aggregationskinetik unter Verwendung des Prion-negativen Keims (Formel 4).

Die Keim-Aktivität wurde dementsprechend für jedes Einzelexperiment berechnet. Die berechneten Keim-Aktivitäten entsprechend der einzelnen Experimente der Spezies Mensch, Rind, Schaf und Hirsch sind in Abbildung 48 in Form eines „Tukey's Boxplots" dargestellt. Es wurden sieben Einzelexperiment der keiminduzieren Fibrillogenese des huPrP unter Verwendung von CJD-Keimen durchgeführt. Für BSE-Keime waren es acht, für Scrapie-Keime zehn und für CWD-Keime acht identische Einzelexperimente der keiminduzieren Fibrillogenese des huPrP.

Ergebnisse 117

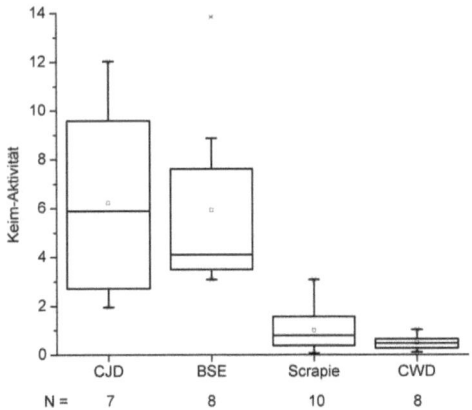

Abbildung 48 – Keim-Aktivität der untersuchten Prion-Keime in huPrP
Keim-Aktivität der Prion-Keime der mehrfach durchgeführten Einzelexperimente unter Verwendung von Prion-Keimen im keiminduzierten *in vitro* Konversionssystem des huPrP. CJD- und BSE-Keime zeigen im Vergleich zu Scrapie- und CWD-Keimen eine hohe Keim-Aktivität.

Für CJD- und BSE-Keime konnte ein Einfluss auf die huPrP-Fibrillogenese gezeigt werden. Entsprechend ist eine erhöhte Keim-Aktivität verzeichnet. Scrapie- und CWD- Keime zeigten keinen Einfluss auf die huPrP-Fibrillogenese, ihre Keim-Aktivität ist gering. Um den hier gezeigten Unterschied auf statistische Signifikanz zu prüfen, wurden die Keim-Aktivitäten der Einzelexperimente einer Varianzanalyse auf Basis einer ANOVA mit „Tukey's test" unterzogen (Kapitel 2.18.7.).

Es wurde angenommen, dass die Keim-Aktivitäten der Einzelexperimente einer Spezies einer Grundgesamtheit angehören. Entsprechend wurden für diesen Versuchsteil vier Grundgesamtheiten der Keim-Aktivitäten von Einzelexperimente mit Keimen der Spezies Mensch, Rind, Schaf und Hirsch angenommen. Durch die Varianzanalyse soll untersucht werden, ob sich die Grundgesamtheiten der Keim-Aktivitäten entsprechend der vier Spezies unterscheiden oder ob sie ggf. der gleichen Grundgesamtheit angehören, wodurch die unterschiedlichen Keim-Aktivitäten nur durch Streuung des Messwerte verursacht worden wäre. Die Varianzanalyse wurde immer in

Gruppen von zwei Grundgesamtheiten jeweils einer Spezies durchgeführt (Tukey's test). Die Ergebnisse der Varianzanalyse können Tabelle 13 entnommen werden.

Tabelle 13 – Statistische Auswertung der Keim-Aktivität

Keim-Kombination	Signifikanzwert (p-Wert)	Signifikanzniveau
CJD / BSE	0,966211	nicht signifikant
CJD / Scrapie	0,000262	***
CJD / CWD	0,001083	**
BSE / Scrapie	0,000026	****
Scrapie / CWD	0,999996	nicht signifikant

Die Varianzanalyse zeigt, dass der Unterschied zwischen den Grundgesamtheiten in den Kombinationen CJD/Scrapie, CJD/CWD und BSE/Scrapie statistisch signifikant ist. Für die Kombinationen CJD/BSE und Scrapie/CWD konnte keine statistische Signifikanz gezeigt werden.

4 Diskussion

Schwerpunkt dieser Arbeit ist die Untersuchung des Phänomens der Speziesbarriere, das bei einer Übertragung von Prionkrankheiten auftritt. Prionkrankheiten sind nicht nur innerhalb einer Spezies übertragbar, sondern können auch zwischen einigen Spezies über die Artgrenze übertragen werden. Bei der interspezifischen Übertragung kann zwischen einigen Spezies eine ausgeprägte Speziesbarriere beobachtet werden. Dies äußert sich bei experimentellen Studien zur Übertragbarkeit z.B. in verlängerten Inkubationszeiten oder dadurch, dass nicht alle oder sogar keines der Versuchstiere eine Prionkrankheit entwickelt. Zwischen anderen Spezies kann die Speziesbarriere eine geringe Ausprägung aufweisen, sodass die Inkubationszeiten denen einer intraspezifischen Übertragung entsprechen. In Vorarbeiten wurde die Übertragbarkeit zwischen den Spezies Hamster, Schaf, Rind und Maus mit Hilfe eines *in vitro* Modells untersucht (Panza *et al.* 2010). Durch die Verwendung des SDS-basierten *in vitro* Konversionssystems auf Basis von recPrP konnte der Einfluss verschiedener Prion-Keime auf die Fibrillogenese des recPrP untersucht werden. Aus diesen Arbeiten ist bekannt, dass eine Beschleunigung der Fibrillogenese innerhalb des *in vitro* Konversionssystems nur dann zu beobachten ist, wenn eine Spezieskombination von Prion-Keim und recPrP gewählt wurde, für die auch *in vivo* eine Übertragung gezeigt werden konnte. Die *in vivo* zu beobachtende Übertragbarkeit bzw. Speziesbarrieren zwischen den Spezies Hamster, Schaf, Rind und Maus konnten im *in vitro* Konversionssystems nachvollzogen werden (Panza *et al.* 2008; Panza *et al.* 2010).

Im Zuge dieser Arbeit wurde das keiminduzierte *in vitro* Konversionssystems auf Basis von humanem recPrP (huPrP) etabliert, um die mögliche Übertragbarkeit tierischer Prionkrankheiten auf den Menschen untersuchen zu können. Grundvoraussetzung dafür war zunächst die Expression und Reinigung von huPrP. Anschließend wurde die spontane Fibrillogenese des huPrP etabliert, dies umfasste die Analyse der Pufferbedingungen, bei der eine Fibrillenbildung des huPrP beobachtet werden kann, die Charakterisierung des prä-amyloiden Zustands des huPrP, die Analyse der Aggregationskinetik sowie die Untersuchung der fibrillären Struktur des amyloiden huPrP. Aufbauend auf den Ergebnissen der spontane Fibrillogenese, als Modell der spontanen Ätiologie von CJD, wurde die keiminduzierte Fibrillogenese, als Modell der infektiösen Ätiologie, etabliert werden. Dies umfasste die Präparation der Prion-Keime aus Hirngewebe der Spezies Mensch, Rind, Schaf und Hirsch sowie eine Analyse der Bedingungen unter denen die keiminduzierte Fibrillogenese untersucht werden konnte.

4.1 Klonierung, Expression und Reinigung des recPrP

Die Untersuchung des molekularen Mechanismus der Speziesbarriere erforderte die Verwendung möglichst reiner Komponenten innerhalb des *in vitro* Konversionssystems. Grundlage aller Folgeexperimente war daher die Expression und Präparation von möglichst reinem recPrP, welches als Substrat der Fibrillogenese verwendet werden sollte. Die huPrP-Varianten 129M und 129V sowie das cerPrP wurde nach einem von mir modifizierten Protokoll gereinigt, das in Anlehnung an ein Protokoll zu Reinigung von recPrP anderer Spezies erstellt wurde (Mehlhorn *et al.* 1996; Jansen *et al.* 2001).

Die Verwendung des pET16b-Vektorsystems, ermöglichte die Expression des recPrP inklusive eines N-terminalen Polyhistidin-Tags, wodurch eine Reinigung mittels immobilisierter Metallionen-Affinitäts-Chromatographie (IMAC) ermöglicht wurde. In Kombination mit der Verwendung des *E. Coli* Stamms BL21(DE3)PLysS der eine basale Expression des PrP während der Wachstumsphase des Bakteriums unterdrückt, konnte im Vergleich zu vorherigen Expressions- und Reinigungsprotokollen (Luers 2009) eine etwa zweifach erhöhte Ausbeute an PrP vergleichbarer Reinheit erzielt werden (Abbildung 33).

Durch eine DNA-Sequenzierung des pET16b-Plasmids während der Klonierung und eine massenspektrometrische Analyse des gereinigten huPrP konnten sichergestellt werden, dass das gereinigte huPrP die Sequenz des natürlich auftretenden humanen PrP aufweist. Es konnte so auch gezeigt werden, dass die beiden huPrP-Varianten entsprechend des M129V-Polymorphismus exprimiert wurden (Kapitel 3.1; Abbildung 34).

4.2 Die spontane Fibrillogenese des huPrP

Die spontane Fibrillogenese des huPrP bildet die Grundlage für Folgeversuche unter Verwendung der keiminduzierten Fibrillogenese, da in beiden Systemen identische Pufferbedingungen verwendet wurden. Wie zuvor erwähnt, dient die spontane Fibrillogenese des huPrP als *in vitro* Modell für die spontan auftretende Variante von CJD (sCJD).

Um den Vergleich zu vorangegangenen Arbeiten mit recPrP anderer Spezies zu ermöglichen, sollte eine biophysikalische Charakterisierung der spontanen Fibrillogenese des huPrP erfolgen. Insbesondere sollte der prä-amyloide Zustand sowie die amyloide Struktur des huPrP untersucht werden.

4.2.1 Der prä-amyloide Zustands der recPrP

In vorherigen Arbeiten wurde der prä-amyloide Zustand des recPrP der Spezies Hamster, Schaf und Rind ausführlich charakterisiert. Es konnte gezeigt werden, dass die Sekundärstruktur anderer recPrP in SDS-Konzentrationen oberhalb von 0,1% durch α-Helices dominiert wird. In dem für die Fibrillogenese relevanten Konzentrationsbereich von 0,01-0,04% SDS kann je nach Spezies entweder eine α-helikal dominierte Sekundärstruktur oder eine β-Faltblatt-reiche Sekundärstruktur beobachtet werden (Leffers *et al.* 2005; Panza *et al.* 2008; Stohr *et al.* 2008; Panza *et al.* 2010).

In dieser Arbeit konnte gezeigt werden, dass die hier untersuchten recPrP der Spezies Mensch und Hirsch oberhalb von 0,1% SDS ebenfalls eine α-helikal dominierte Sekundärstruktur aufweisen. Mit sinkender SDS-Konzentration ist ein Übergang in eine β-Faltblatt dominierte Sekundärstruktur zu beobachten (Abbildung 35). In Bezug auf die Sekundärstruktur sind die Ergebnisse des huPrP sowie des cerPrP mit den Ergebnissen der Sekundärstrukturanalyse von recPrP anderer Spezies vergleichbar. In Bezug auf den prä-amyloiden Zustand von huPrP und bovPrP zeigen sich Gemeinsamkeiten, da beide im Bereich von 0,02% SDS eine β-Faltblatt dominierte Sekundärstruktur aufweisen (Panza *et al.* 2008). Bei shaPrP und ovPrP konnte eine α-helikal dominierte Sekundärstruktur des prä-amyloiden Zustand gezeigt werden (Panza *et al.* 2010).

Als weiteres Charakteristikum des prä-amyloiden Zustands gilt die Ausbildung eines Monomer-Dimer Gleichgewichts während der Lag-Phase der Fibrillogenese. Die Untersuchung des Oligomerisierungsgrades von recPrP der Spezies Hamster, Schaf und Rind, sowie der Volllängevariante des huPrP zeigten innerhalb der ersten fünf Tage der Fibrillogenese ein Monomer-Dimer-Gleichgewicht (Panza *et al.* 2008; Stohr *et al.* 2008; Luers 2009; Panza *et al.* 2010).

Die Analyse des Oligomerisierungsgrades des huPrP wies nach fünf Tagen unter Fibrillogenesebedingungen ein huPrP-Dimer auf (Abbildung 36). Sofern ein Monomer-Dimer Gleichgewicht vorläge, kann dieses nur auf der Seite des Dimers liegen, so dass die Konzentration des Monomers unterhalb der Detektionsgrenze des Absorptionsspektrometers der AUZ liegt.

In Bezug auf den prä-amyloiden Zustand konnte kein Unterschied zwischen huPrP-Varianten 129M und 129V gezeigt werden.

4.2.2 Einfluss der SDS-Konzentration auf die spontane Fibrillogenese

In früheren Arbeiten konnte gezeigt werden, dass die SDS-Konzentration einen großen Einfluss darauf hat, ob sich amyloide recPrP-Fibrillen ausbilden (Panza *et al.* 2008; Stohr *et al.* 2008; Luers 2009; Panza *et al.* 2010). Die SDS-Konzentration in dem die Fibrillogenese beobachtet werden konnte, ist je nach Spezies des recPrP unterschiedlich, lässt sich aber auf einen Konzentrationsbereich von 0,01-0,04% SDS eingrenzen (Tabelle 4).

Diskussion 123

Die hier untersuchten recPrP der Spezies Mensch und Hirsch bildeten amyloide Fibrillen bei einer SDS-Konzentration von 0,02% SDS und fügen sich damit in den zuvor genannten SDS-Konzentrationsbereich ein (Abbildung 37). Dies entspricht auch den Ergebnissen der Fibrillogenese der Volllängevariante des huPrP, die im Zuge meiner Diplomarbeit untersucht wurde (Luers 2009). Auch in Bezug auf die SDS-Konzentration, in der eine spontane Fibrillogenese beobachte werden kann, verhielten sich die huPrP-Varianten 129M und 129V vergleichbar.

4.2.3 Einfluss des M129V-Polymorphismus auf die spontane Fibrillogenese

Die Verteilung der Genotypen entsprechend des M129V-Polymorphismus innerhalb der Gruppe von an CJD erkrankten Personen im Vergleich zur Verteilung innerhalb der Gesamtbevölkerung lässt auf einen Einfluss dieses Polymorphismus auf die Entstehung oder den Krankheitsverlauf von CJD schließen (Kapitel 1.3.4 und Tabelle 2). Dies wird auch durch den Einfluss des M129V-Polymorphismus in Bezug auf die menschlichen Prionkrankheiten Kuru, GSSS und FFI untermauert (Kapitel 1.3.5).

Um einen möglichen Einfluss auf die Aggregationskinetik auf molekularer Ebene zu untersuchen, wurde ein Vergleich der Fibrillogenese der huPrP Variante 129M und 129V unter identischen Bedingungen durchgeführt. Die Aggregationskinetiken der beiden Varianten zeigen qualitative Unterschiede in Bezug auf Lag-Phase, Verlauf der Kinetik und die maximale Fluoreszenzintensität im Bereich der Plateau-Phase. Zusammengefasst zeigt sich, dass die Fibrillogenese der Variante 129V früher beginnt und eine zum Teil steilere Steigung der exponentiellen Phase aufweist. Zudem zeigt die Plateau-Phase unter gleichen Bedingungen eine höhere relative Fluoreszenz als die Fibrillogenese der Variante 129M. Die hier präsentierten Daten sprechen dafür, dass die huPrP-Variante 129V stärker dazu neigt, amyloide Fibrillen auszubilden, als die huPrP-Variante 129M. Da die Anzahl der Einzelmessungen zu gering ist, um eine gesicherte Aussage zu treffen, kann diese Schlussfolgerung nur als Tendenz gewertet werden.

In einer Studie, der Arbeitsgruppe um Ilia Baskakov, die das Aggregationsverhalten von recPrP der beiden Varianten 129M und 129V im Guanidinium-Urea-System (GdmCl-Urea-System) untersucht, konnte ebenfalls gezeigt werde, dass die spontane Aggregation der 129V Variante eine verkürzte Lag-Phase zeigt. Dies wurde dadurch erklärt, dass die 129V-Variante einen Übergang zu einer β-Faltblatt dominierten Sekundärstruktur deutlich schneller vollzog als die 129M-Variante. Zusammengefasst wird dem M129V-Polymorphismus ein großer Einfluss auf den geschwindigkeitsbestimmenden Schritt des Aggregationsprozesses zugeschrieben (Baskakov *et al.* 2005). Diese Ergebnisse werden durch eine weitere Studie untermauert, die durch verschiedene Substitutionsvarianten des Codon 129, ebenfalls einen Einfluss dieses Sequenzbereichs postuliert (Nystrom *et al.* 2012).

In einer weiteren Studie, die auch das GdmCl-Urea-System verwendet, konnte im Gegensatz dazu für die 129M-Variante eine kürzere Lag-Phase gezeigt werden. Die Autoren dieser Studie begründen die divergierenden Ergebnisse durch den Einfluss des nicht abgetrennten Polyhistidin-Tags, ohne den sie in zwei unterschiedlichen Konversionssystemen eine kürzere Lag-Phase die 129M-Variante zeigen konnten (Lewis *et al.* 2006). Die Ergebnisse der in dieser Arbeit gezeigten spontanen Fibrillogenese sprechen dem entgegen, da auch ohne Polyhistidin-Tag eine kürzere Lag-Phase der Aggregationskinetik der Variante 129V gezeigt wurde.

Werden die z.T. gegensätzlichen Ergebnisse der verschiedenen PrP-Konversionssysteme in Betracht gezogen, kann auch ein Einfluss des experimentellen Messaufbaus und insbesondere der unterschiedlichen Pufferbedingungen auf die Aggregation nicht ausgeschlossen werden.

In Bezug auf das Krankheitsbild CJD könnte durch einen Unterschied der Aggregationskinetik der beiden Varianten ein Zusammenhang mit dem

Diskussion 125

verfrühten Eintrittsalter und der verkürzten Inkubationszeit der Valinhomozygoten Variante bei CJD hergestellt werden (Schulz-Schaeffer *et al.* 1996; Alperovitch *et al.* 1999; Parchi *et al.* 1999; Hauw *et al.* 2000). Auch Versuche mit transgenen Mäusen zeigen eine kürzere Inkubationszeit des homozygoten Valin-Genotyp, sofern eine Infektion mit dem CJD-Erreger gleichen Genotyps induziert wurde (Hill *et al.* 1997; Asante *et al.* 2002). Durch den Vergleich der Aggregationskinetiken der huPrP-Varianten 129M und 129V konnte gezeigt werden, dass die Variante 129V tendenziell schneller zur Ausbildung amyloider Fibrillen führt.

4.2.4 Struktur der spontan erzeugten huPrP-Fibrillen

Die Struktur der spontan erzeugten huPrP-Fibrillen wurde fluoreszenz- und elektronenmikroskopisch untersucht. Die Anwendung der TIRF-Mikroskopie unter Verwendung von ThT ermöglichte eine Untersuchung des fibrillären Charakters der spontan erzeugten huPrP-Fibrillen (Abbildung 39). Die im Vergleich mit anderen Methoden relativ niedrige Auflösung optischer Mikroskope ermöglichte zwar eine Visualisierung größerer ThT-positiver Aggregate, die einen fibrillären Charakter aufwiesen, für eine Auflösung einzelner huPrP-Fibrillen reichte sie jedoch nicht aus. Dies gelang durch die Anwendung eines Transmissionselektronenmikroskops. Die hochauflösenden TEM-Aufnahmen von spontan erzeugten huPrP-Fibrillen zeigen einzelne Proteinfibrillen, deren Form anderer im *in vitro* Konversionssystem erzeugten PrP-Fibrillen ähnelt (Panza *et al.* 2008; Stohr *et al.* 2008). Durch die Kombination der Ergebnisse der TIRF-Mikroskopie unter dem Einsatz von ThT und der Transmissionselektronenmikroskopie kann die fibrilläre Struktur des huPrP bestätigt werden.

4.3 Die keiminduzierte Fibrillogenese des huPrP

Die Etablierung der spontanen Fibrillogenese des huPrP, insbesondere die Bestimmung der SDS-Konzentration bei der eine Bildung amyloider Fibrillen beobachtet werden konnte, war eine Voraussetzung für die Untersuchung der keiminduzierten Fibrillogenese. Innerhalb dieser Arbeit wurden zwei Arten von Keimen verwendet, zum einen Keime aus *in vitro* hergestellten huPrP-Fibrillen, zum anderen Prion-Keime, die aus Hirngewebe von an Prionkrankheiten erkrankten Menschen oder Tieren präpariert wurden. Die Verwendung von huPrP-Fibrillen, die einem Ansatz der spontanen Fibrillogenese entnommen wurden, dienten ausschließlich der weiteren Untersuchung des Einflusses des M129V-Polymorphismus auf die huPrP-Fibrillogenese. Prion-Keime, die Hirngewebe der Spezies Mensch, Rind, Schaf und Hirsch entstammten, wurden für die Untersuchung der Speziesbarriere herangezogen.

4.3.1 Einfluss von huPrP-Fibrillen auf die Fibrillogenese des huPrP

Wie im letzten Abschnitt erwähnt, sollte durch den Einsatz von huPrP-Fibrillen als Keim der Einfluss des M129V-Polymorphismus auf die Aggregationskinetik des huPrP untersucht werden. Zu diesem Zweck wurden huPrP-Fibrillen aus spontanen Fibrillogeneseansätzen nach Erreichen der Plateau-Phase entnommen und in eine neu angesetzten Fibrillogeneseansatz eingebracht. Durch die homogene (129M in 129M und 129V in 129V) bzw. heterogener Kombination (129M in 129V und 129V in 129M) der beiden huPrP-Varianten konnte der Einfluss des M129V-Polymorphismus auf die keimindzierte Fibrillogenese analysiert werden.

In einer zuvor erwähnten Studie, welche die spontane Aggregation von humanem recPrP im Guanidinium-Urea-System untersucht, wurden ebenfalls keiminduzierte Aggregationsstudien durchgeführt (Baskakov *et al.* 2005). Hier zeigte sich, dass die Lag-Phase in der heterogenen Kombination von 129M in 129V im Vergleich zur homogenen Kombination verlängert ist. In umgekehrter Kombination wurde hingegen eine Verkürzung der Lag-Phase beobachtet. Der unterschiedliche Einfluss der Keime auf das Aggregationsverhalten wurde auf strukturelle Unterschiede der beiden Varianten zurückgeführt. Eine weitere

Hypothese besagt, dass 129V-Keime über mehr offene Fibrillenenden verfügen, wodurch die exponentielle Phase beschleunigt und die Plateau-Phase früher erreicht wird (Baskakov *et al.* 2005).

Eine weitere Studie, die den M129V-Polymorphismus durch die Anwendung der PMCA Methode untersucht, zeigt eine Sequenzabhängigkeit bei der Amplifikation von PK-resistentem PrP. Werden Keim und Substrat (Hirnhomogenat aus Mäusen, die humanes PrP exprimieren) homogen kombiniert, kann PK-resistentes PrP nachgewiesen werden. In heterogener Kombination kann eine verminderte oder keine Amplifikation von PK-resistentem PrP gezeigt werden (Jones *et al.* 2008).

Eine dritte Studie untersucht die keiminduzierte Aggregation von humanem recPrP durch die Anwendung des rtQUIC Assays (Kapitel 1.6.3). In dieser Studie kann, ungeachtet der homogenen oder heterogenen Kombination von Seed und Substrat, kein Unterschied bzgl. des M129V-Polymorphismus gezeigt werden (Peden *et al.* 2012).

Die Ergebnisse bzgl. des Einflusses des M129V-Polymorphismus, die in dieser Arbeit mittels der keiminduzierten Fibrillogenese gezeigt wurden, bestätigen die Ergebnisse anderer Studien in Teilen.

Die Aggregationskinetik der homogenen Kombinationen zeigt einen typischen Verlauf für eine keiminduzierte Fibrillogenese: Kurze bzw. fehlende Lag-Phase, exponentielle Phase und Plateau-Phase (Abbildung 41). Die Aggregationskinetiken der heterogenen Kombinationen deuten auf eine geringere Beschleunigung der Fibrillogenese hin. Dies deckt sich mit den Ergebnissen der Studien mittels des Guanidinium-Urea-System und der PMCA-Methode, die beide im Fall der heterogenen Kombination eine verminderte Fibrillenbildung bzw. Konversion des Substrates zeigen konnten.

Im SDS-basierten Konversionssystem zeigten Keime der Variante 129M in Substrat der Variante 129V eine leicht verlängerte Lag-Phase sowie ein verminderte Fluoreszenzintensität der Plateau-Phase. In umgekehrter

Kombination zeigte eine Kombination von Keimen der Variante 129V mit recPrP der Variante 129M keine Beschleunigung der Fibrillogenese. Dies steht im Widerspruch zu der Studie auf Basis des Guanidinium-Urea-Systems, da hier Keime der Variante 129V eine erhöhte Fibrillenbildung zeigten.

Der in dieser Arbeit gezeigte Einfluss des M129V-Polymorphismus auf die keiminduzierte Fibrillogenese des huPrP kann möglicherweise als Inkompatibilität zwischen den amyloiden Strukturen der Varianten 129M und 129V des huPrP interpretiert werden. Es kann zudem spekuliert werden, dass die Keime der Variante 129V schlechter dazu in der Lage sind, recPrP der Variante 129M zu rekrutieren, als es umgekehrt der Fall ist. Dies würde auf eine intrinsische Eigenschaft des jeweiligen Keims bzw. des recPrP als Substrat hindeuten.

4.3.2 Einfluss von Prion-Keimen auf die Fibrillogenese des huPrP im Vergleich zur *in vivo* gezeigten Übertragbarkeit von Prionkrankheiten

Die Applikation von Prion-Keimen, die aus Hirngewebe von Tieren und Menschen präpariert wurden, die an einer Prionkrankheit verstarben, im *in vitro* Konversionssystem ermöglichte die Untersuchung der Speziesbarriere auf molekularer Ebene.

In Vorarbeiten, die das keiminduzierte Konversionssystem auf Basis der Spezies Hamster, Schaf, Rind und Maus untersuchten, konnte gezeigt werden, dass das Auftreten einer Beschleunigung der Fibrillogenese innerhalb des *in vitro* Konversionssystem mit einer *in vivo* zu beobachtenden Übertragbarkeit zwischen diesen Spezies übereinstimmt. Wurden im *in vitro* Modell zwei Spezies untersucht, für die *in vivo* eine Übertragbarkeit gezeigt wurde, konnte eine Beschleunigung der Fibrillogenese innerhalb des keiminduzierten Fibrillogeneseansatzes beobachtet werden. Wurde eine Kombination zweier Spezies gewählt, für die *in vivo* eine ausgeprägte Speziesbarriere beschrieben

Diskussion 129

ist, konnte innerhalb des *in vitro* Modells keine Beschleunigung der Fibrillogenese gezeigt werden (Panza *et al.* 2008).

Im Rahmen dieser Arbeit wurde das keiminduzierte *in vitro* Konversionssystem auf Basis von huPrP etabliert. Ziel war die Bestimmung der Keim-Aktivität von Prion-Keimen der Spezies Rind, Schaf und Hirsch im keiminduzierten *in vitro* Konversionssystems. Die Bestimmung der Keim-Aktivität soll Rückschlüsse auf den Mechanismus der Übertragbarkeit der in diesen Spezies auftretenden Prionkrankheiten auf den Menschen ermöglichen. Eine hohe Keim-Aktivität eines Prion-Keims in huPrP wurde dabei als gering ausgeprägte Speziesbarriere gewertet, was auf eine mögliche Übertragbarkeit der entsprechenden Prionkrankheit auf den Menschen schließen lässt. Im Gegenzug wurde eine niedrige Keim-Aktivität als ausgeprägte Speziesbarriere gewertet. Da die Untersuchung der Übertragbarkeit einer Prionkrankheit auf den Menschen nur über Modellsysteme in Form von Tiermodellen oder *in vitro* Systemen möglich ist, stützen sich die meisten der im folgenden herangezogenen Studien auf transgene Mausmodelle, die humanes PrP exprimieren, *in vitro* Systeme wie z.B. PMCA oder auf Ergebnisse aus epidemiologischen Studien.

Als Positivkontrolle der keiminduzierten Fibrillogenese wurde zunächst die homologe Kombination von CJD-Keim und huPrP untersucht. Aus der Literatur ist bekannt, dass CJD durch medizinische Unfälle von Mensch zu Mensch übertragen werden kann (1.3.4.) (Brown *et al.* 2012). Auch wurde in den letzten Jahren die Übertragbarkeit von CJD durch Bluttransfusionen beschrieben (Peden *et al.* 2004; Andreoletti *et al.* 2012). Innerhalb des *in vitro* Konversionssystems konnte durch die Einbringung eines CJD-Keims eine Beschleunigung der huPrP-Fibrillogenese gezeigt werden (Abbildung 43).

Infolgedessen wurde die heterologe Kombination von BSE-Keim und huPrP untersucht. Die Übertragung von BSE auf den Menschen während der BSE-Krise der 1990er Jahre gilt als sicher, was aus epidemiologischen Studien und vergleichenden Untersuchung des Erreger hervorgeht (Kapitel 1.3.2) (Collinge *et al.* 1996; Bruce *et al.* 1997; Will *et al.* 1998; Scott *et al.* 1999; Belay *et al.* 2004). Für BSE-Keime konnte im Rahmen dieser Arbeit im *in vitro* Konversionssystem eine Beschleunigung der Fibrillogenese des huPrP gezeigt werden (Abbildung 44).

Basierend auf den Ergebnissen unter Verwendung von CJD- und BSE-Keimen sollte die als unüberwindbar geltende Speziesbarriere zwischen Schaf und Mensch untersucht werden (Kapitel 1.3.1). Der schon seit fast drei Jahrhunderten bekannten Prionkrankheit der Schafe konnte bisher keine Übertragung auf den Menschen nachgewiesen werden (Hunter 1998; Johnson 2005; Caramelli *et al.* 2006). Auch *in vivo* durchgeführte Experimente mit transgenen Mäusen, die humanes PrP exprimieren, konnten keine Übertragung zeigen (Wilson *et al.* 2012). In den entsprechenden Versuchen innerhalb dieser Arbeit konnte im *in vitro* Konversionssystem keine Beschleunigung der Fibrillogenese des huPrP durch Scrapie-Keime gezeigt werden (Abbildung 45).

Im Fall von CWD, der in den 1980er Jahren erstbeschriebenen Prionkrankheit der Hirsche ist die Frage der Übertragbarkeit auf den Menschen bisher nicht vollständig geklärt (Kapitel 1.3.3). Einige *in vitro* und *in vivo* durchgeführte Studien zeigen eine ausgeprägte Speziesbarriere zwischen diesen Spezies (Belay *et al.* 2004; Li *et al.* 2007), auch epidemiologische Daten und Tierversuche mit transgenen Mäusen deuten auf eine ausgeprägte Speziesbarriere hin (Belay *et al.* 2004; Kong *et al.* 2005; Mawhinney *et al.* 2006; Tamguney *et al.* 2006; Li *et al.* 2007; Sandberg *et al.* 2010; Wilson *et al.* 2012).

Die erfolgreiche Übertragung von CWD auf Totenkopfaffen (Marsh *et al.* 2005), eine Gruppe der Affen, die nicht zu den Menschenaffen gehört, sowie eine PMCA-Studie, die eine mögliche Übertragung von CWD auf den Menschen nahelegt (Barria *et al.* 2011), wirft jedoch Zweifel an einer ausgeprägten Speziesbarriere auf.

Um der Frage der Übertragbarkeit von CWD auf den Menschen durch die Anwendung des keiminduzierten *in vitro* Konversionssystems zu begegnen, wurde zunächst die homologe Kombination von CWD-Keim und cerPrP untersucht. Die Einbringung eines CWD-Keims konnte dabei die Fibrillogenese des cerPrP beschleunigen (Abbildung 46). Im Gegensatz dazu konnte eine Beschleunigung der huPrP-Fibrillogenese durch CWD-Keime nicht gezeigt werden (Abbildung 47), aufgrund dessen hier die Hypothese aufgestellt werden kann, dass zwischen Hirsch und Mensch eine ausgeprägte Speziesbarriere besteht.

Durch die Anwendung des keiminduzierten *in vitro* Konversionssystems auf Basis von huPrP unter Verwendung von Prion-Keimen der Spezies Mensch, Rind, Schaf und Hirsch, konnte gezeigt werden, dass eine *in vitro* gezeigte Beschleunigung der huPrP-Fibrillogenese mit der *in vivo* gezeigten Übertragbarkeit der Prionkrankheiten zwischen diesen Spezies übereinstimmt. Prion-Keime der Spezies Mensch und Rind, für die in der Literatur eine Übertragung auf den Menschen beschrieben ist, zeigen eine hohe Keim-Aktivität. Hingegen zeigen Scrapie-Keime aus Schafen für die eine ausgeprägte Speziesbarriere beschrieben ist, bzw. CWD-Keime aus Hirschen, eine geringe Keim-Aktivität (Abbildung 48). Eine vergleichende Abbildung der *in vivo* und *in vitro* gezeigten Übertragbarkeiten tierischer Prionkrankheiten auf den Menschen ist in Abbildung 49 dargestellt.

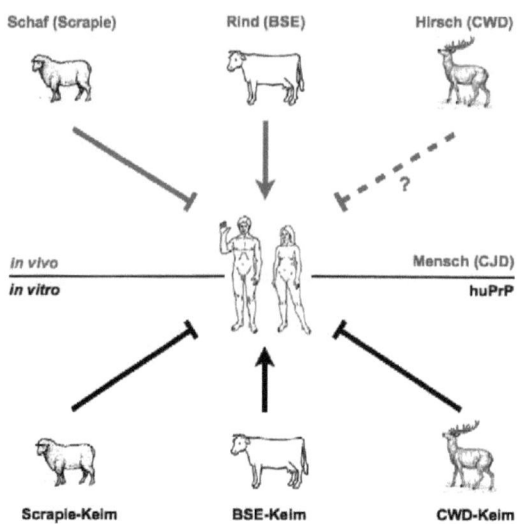

Abbildung 49 – Übertragbarkeit von tierischen Prionkrankheiten auf den Menschen – Vergleich der Ergebnisse aus *in vivo* Studien zu den in dieser Arbeit gezeigten *in vitro* Untersuchungen
Für die Prionkrankheiten von Schaf (Scrapie), Rind (BSE) und Hirsch (CWD) existiert eine Vielzahl von *in vivo* und *in vitro* Studien, die eine Übertragung auf den Menschen beschreiben (Pfeil) oder eine Speziesbarriere postulieren (inhib. Pfeil). Die Zusammenfassung dieser Ergebnisse im oberen Teil der Grafik zeigt die *in vivo* zu beobachtende Übertragbarkeit (**rot**) auf den Menschen. Der untere Teil der Grafik zeigt die Ergebnisse des in dieser Arbeit angewendeten keiminduzierten *in vitro* Konversionssystems, aus denen eine Übertragbarkeit (Pfeil) oder ausgeprägte Speziesbarriere (inhib. Pfeil) gefolgert wurde (**schwarz**). Im Vergleich zeigt sich eine Übereinstimmung der *in vivo* und *in vitro* gewonnenen Ergebnisse.

4.3.3 Molekularer Mechanismus der Speziesbarriere

Die Konversion von PrP^C zu PrP^{Sc} ist das grundlegende Ereignis innerhalb der Prionkrankheiten und Gegenstand aktueller Forschung. Insbesondere in Bezug auf das Phänomen der Speziesbarriere ist der Konversionsmechanismus von großem Interesse, da die Übertragbarkeit zwischen zwei Spezies nicht in jedem Fall gegeben ist.

Die Untersuchung der Speziesbarriere durch einen Sequenzvergleich der PrP-Sequenzen zweier Spezies ist naheliegend und führte zu der Erkenntnis, dass die Sequenzidentität zwischen zwei Spezies einen Einfluss auf die Übertragbarkeit hat, eine exakte Quantifizierung oder Prognose der Speziesbarriere ist jedoch nicht möglich (Kapitel 1.4) (Schätzl 2007).

Das „Conformational Selection Model" postuliert, dass nicht allein die Sequenz sondern die daraus resultierende Konformation des PrPs das Phänomen der Speziesbarriere erklären soll. Dem Modell nach wird die Speziesbarriere zwischen zwei Spezies durch den Grad an Überschneidung der einnehmbaren Konformationen von PrP^C und PrP^{Sc} bestimmt (Collinge *et al.* 2007). Bisher jedoch, konnte die Prognose einer bestimmten Speziesbarriere aufgrund von Strukturdaten experimentell nicht gezeigt werden.

Der Einsatz von Konversionssystemen wie z.b. der „Protein misfolding cyclic amplification" (PMCA) zur Untersuchung der Speziesbarriere hat den Vorteil, dass bestimmte Eigenschaften des natürlichen Erregers, wie z.b. Infektiosität oder PK-Resistenz, generiert bzw. amplifiziert werden (Castilla *et al.* 2005). Durch die Anwendung von PMCA ist es aber auch möglich Speziesbarrieren zu überwinden, die in der Natur beobachtet werden können (Castilla *et al.* 2008; Green *et al.* 2008). Zudem sind bei dieser Methode eine Vielzahl an Co-Faktoren präsent, da ein Zelllysat als Substrat verwendet wird (Kapitel 1.6.2), wodurch PMCA für die Analyse der Speziesbarriere auf molekularer Ebene, in Bezug auf definierte Einzelkomponenten, nicht geeignet ist.

Im lebenden Organismus kann ein Einfluss auf die Speziesbarriere von zell- oder organspezifischen Faktoren oder Prozessen auftreten. Es konnte z.B. eine Gewebespezifität der Speziesbarriere gezeigt werden. Die Injektion von Prion-Erregern in transgene Mäuse, für die in dieser Kombination eine ausgeprägte Speziesbarriere beschrieben wurde, zeigte PK-resistentes PrP in lymphatischem Gewebe, nicht aber im ZNS der Versuchstiere, die zudem keine Symptomatik aufwiesen. Da im hier gezeigten *in vitro* Konversionssystem ausschließlich Prion-Keime verwendet werden, die aus Hirngewebe von an Prionkrankheiten erkrankten Menschen oder Tieren entnommen wurden, sind die hier getroffenen Schlussfolgerungen zunächst auf Hirngewebe zu beziehen und möglicherweise nicht auf spezifische Phänomene wie z.B. symptomlose Prionkrankheiten oder andere Gewebe zutreffend (Hill *et al.* 2000; Beringue *et al.* 2012). Da die klinischen Symptome von Prionkrankheiten auftreten, wenn Hirngewebe betroffen ist, stehen die in dieser Arbeit gezeigten Ergebnisse im Einklang mit *in vivo* zu beobachtenden Übertragbarkeiten, die sich in klinischen Symptomen äußern.

Das in dieser Arbeit verwendete SDS-basierte *in vitro* Konversionssystem bietet den Vorteil, dass nur reines recPrP als Substrat und durch die PTA-Fällung konzentrierte und vorgereinigte Prion-Keime eingesetzt werden. Verunreinigungen des Prion-Keims können nicht ausgeschlossen werden, aber die Fülle der Co-Faktoren eines Zelllysates ist nicht vorhanden. Insbesondere durch die Verwendung von Prion-negativen Keimen als Negativkontrolle, die aus Hirngewebe von gesunden Tieren und Menschen präpariert wurden, konnte gezeigt werden, dass möglicherweise enthaltene Verunreinigungen des Keims keinen Einfluss auf die huPrP-Fibrillogenese haben. Somit kann davon ausgegangen werden, dass die Keim-Aktivität innerhalb des *in vitro* Konversionssystems auf eine direkte Interaktion zwischen Prion-Keim und recPrP-Substrat zurückzuführen ist (Stohr *et al.* 2008), was eine direkte Konsequenz der „protein only" Hypothese darstellt.

Unter der Annahme, dass die „protein only" Hypothese korrekt ist und das die Speziesbarriere nicht durch zelluläre Faktoren definiert ist, kann die Hypothese aufgestellt werden, dass die Speziesbarriere durch die Fähigkeit des Keims definiert ist, ein artfremdes PrP^C-Molekül zu konvertieren. Das hier verwendete keiminduzierte *in vitro* Konversionssystem ist in der Lage diese Fähigkeit des Keims zu quantifizieren und stimmt daher mit der *in vivo* zu beobachteten Übertragbarkeit von Prionkrankheiten zwischen den Spezies Mensch, Rind, Schaf, Hamster und Maus überein. Im Falle der nicht als sicher geltenden Speziesbarriere zwischen Hirsch und Mensch ermöglichen die hier gezeigten Ergebnisse die Prognose einer ausgeprägte Speziesbarriere zwischen Hirsch und Mensch.

4.4 Ausblick

Die in dieser Arbeit gezeigten Ergebnisse geben den Anstoß zu einigen weiterführenden Fragestellungen.

Zunächst drängt sich die Frage nach der Charakterisierung der Interaktion zwischen Prion-Keim und recPrP auf. Dies könnte sowohl auf Ebene der Strukturaufklärung als auch durch eine detaillierte Charakterisierung des molekularen Mechanismus erfolgen. Für eine exakte Beschreibung des molekularen Mechanismus dieser Interaktion müsste zunächst ein eingehende Analyse bzw. Reinigung des Prion-Keims erfolgen, wodurch auch ggf. enthaltene krankheits-assoziierte Co-Faktoren weiter ausgeschlossen werden könnten.

Im Hinblick auf die Analyse der Keime-Substrat Interaktion wäre auch eine weiterführende Analyse des M129V-Polymorphismus denkbar, indem sequenzspezifische CJD-Keime gemäß des M129V-Polymorphismus für die Beschleunigung der Fibrillogenese von huPrP 129M bzw. 129V verwendet werden könnten.

Die exakte Übereinstimmung des in dieser und vorherigen Arbeiten gezeigten *in vitro* Konversionssystems mit den in der Natur auftretenden Übertragbarkeiten zwischen den untersuchten Spezies ermöglicht darüber hinaus die Analyse weiterer Speziesbarrieren bzw. sogar die Prognose einer Übertragungswahrscheinlichkeit zwischen zwei Spezies, für die keine epidemiologischen Daten oder *in vivo* Modelle existieren.

Abschließend wäre auch eine Anwendung der keiminduzierten Fibrillogenese als diagnostischer Test für die Detektion von Prionkrankheiten oder im weiteren Sinne von amyloiden Fehlfaltungserkrankungen denkbar. Als diagnostischer Marker könnte hier die Beschleunigung der Amyloidbildung der jeweiligen amyloiden Proteine Verwendung finden.

5 Zusammenfassung

Ein besonderes Merkmal einiger neurodegenerativer Erkrankungen ist die Aggregation körpereigener Proteine im zentralen Nervensystem. Die Prionkrankheiten bilden dabei eine gesonderte Gruppe, da sie auf natürlichem Wege übertragbar sind. Prionkrankheiten sind nicht nur innerhalb einer Spezies übertragbar, sondern können auch zwischen einigen Spezies über die Artgrenze übertragen werden. Bei der interspezifischen Übertragung kann zwischen einigen Spezies eine ausgeprägte Speziesbarriere beobachtet werden. Dies äußert sich bei experimentellen Studien zur Übertragbarkeit z.B. in verlängerten Inkubationszeiten oder dadurch, dass nicht alle oder sogar keines der Versuchstiere eine Prionkrankheit entwickelt. Zwischen anderen Spezies kann die Speziesbarriere eine geringe Ausprägung aufweisen, sodass die Inkubationszeiten denen einer intraspezifischen Übertragung entsprechen.

Um die Speziesbarriere der Prionkrankheiten auf molekularer Ebene zu erforschen, wurde ein *in vitro* Konversionssystem etabliert, welches auf der Fibrillogenese von rekombinantem humanen Prion-Protein (huPrP) beruht. Die Etablierung und Charakterisierung der spontanen Fibrillogenese des huPrP schaffte die Voraussetzungen für die Etablierung des keiminduzierten Konversionssystems auf Basis von huPrP in Kombination mit natürlichen Prion-Keimen. Mit Hilfe des keiminduzierten Konversionssystems wurde innerhalb dieser Arbeit die Speziesbarriere durch den Einsatz von Keimen aus Hirngewebe der Spezies Rind, Schaf, Hirsch und Mensch mechanistisch analysiert. Die im *in vitro* Konversionssystems beobachtete Beschleunigung der Fibrillogenese des huPrP, die durch Keime verschiedener Spezies verursacht werden kann, wird als Keim-Aktivität quantifiziert. Durch den Vergleich der Keim-Aktivität innerhalb des *in vitro* Konversionssystems von Keimen der Spezies Mensch, Rind und Schaf konnte eine Übereinstimmung mit der durch epidemiologische Daten und *in vivo* Experimente belegten natürlich vorkommende Übertragbarkeit zwischen diesen Spezies gezeigt werden. Ebenso konnte die in der Literatur vermutete Speziesbarriere zwischen den Spezies Hirsch und Mensch durch eine geringe Keim Aktivität innerhalb des *in vitro* Konversionssystems bestätigt werden.

Die exakte Übereinstimmung der Daten aus den *in vitro* Experimenten innerhalb dieser Arbeit mit existierenden Daten zur natürlich auftretenden Übertragbarkeit ermöglicht es, Rückschlüsse auf den molekularen Mechanismus der Speziesbarriere zu ziehen. Da das hier verwendete *in vitro* Konversionssystem nur rekombinantes Prion-Protein als Substrat und vorgereinigte und konzentrierte Prion-Keime aus infektiösem Hirngewebe verwendet, kann gezeigt werden, dass die Speziesbarriere einzig mit einer Interaktion von Keim und Substrat erklärt werden kann.

6 Summary

Prion diseases are transmissible spongiform encephalopathies in humans and animals, including scrapie in sheep, bovine spongiform encephalopathy (BSE) in cattle, chronic wasting disease (CWD) in deer and Creutzfeldt-Jakob disease (CJD) in humans. The hallmark of prion diseases is the conversion of the host-encoded prion protein (PrP^C) to its pathological isoform PrP^{Sc}, which is accompanied by PrP fibrillation. Transmission of prion disease is not restricted within one species, but can also occur between species. In some cases a strong species barrier can be observed, which results in limited or unsuccessful experimental transmission. The mechanism behind interspecies transmissibility or species barriers is not completely understood.

To analyse this process at a molecular level, an *in vitro* fibrillation assay was established, on the basis of recombinant human PrP (huPrP). Based on this *de novo* fibrillation assay a seeded *in vitro* fibrillation assay was established, which can be specifically seeded by prion seeds. By the application of this seeded fibrillation assay, the interspecies transmission to humans was analysed, combining seeds from species cattle, sheep and deer (BSE, scrapie, CWD) with huPrP.

The results are in clear agreement with epidemiology, *in vitro* aggregation studies and bioassays investigating the transmission between humans, cattle, sheep and deer. In contrast to CJD and BSE seeds, which show a high seeding activity, a strong species barrier for seeds from scrapie and CWD is demonstrated within the *in vitro* fibrillation assay.

The assay only requires pure recPrP as substrate and pre-purified prion seeds as. Therefore the seeding phenomenon with purified components and any seeding activity should be based on a direct interaction of seed and substrate. Therefore it is hypothesised that the species barrier is based on the interaction of PrP^C and PrP^{Sc}. It is shown, that the seeding activity and therewith the molecular interaction of PrP as substrate and PrP^{Sc} as seed is sufficient to explain the phenomenon of species barriers.

7 Literaturverzeichnis

Aguzzi, Baumann and Bremer (2008). "The Prion's Elusive Reason for Being." Annu Rev Neurosci **31**: 439-477.

Aguzzi, Sigurdson and Heikenwaelder (2008). "Molecular Mechanisms of Prion Pathogenesis." Annu Rev Pathol **3**: 11-40.

Aguzzi and Calella (2009). "Prions: Protein Aggregation and Infectious Diseases." Physiol Rev **89**(4): 1105-1152.

Alper (1985). "Scrapie Agent Unlike Viruses in Size and Susceptibility by Ionizing or Ultraviolet Radiation (Letter)." Nature **317**: 750.

Alperovitch, Zerr, Pocchiari et al. (1999). "Codon 129 Prion Protein Genotype and Sporadic Creutzfeldt-Jakob Disease." Lancet **353**(9165): 1673-1674.

Ambrose (1956). "A Surface Contact Microscope for the Study of Cell Movements." Nature **178**(4543): 1194.

Anderson, Donnelly, Ferguson et al. (1996). "Transmission Dynamics and Epidemiology of Bse in British Cattle." Nature **382**(6594): 779-788.

Andreoletti, Litaise, Simmons et al. (2012). "Highly Efficient Prion Transmission by Blood Transfusion." PLoS Pathog **8**(6): e1002782.

Anfinsen (1972). "The Formation and Stabilization of Protein Structure." Biochem J **128**(4): 737-749.

Asante, Linehan, Desbruslais et al. (2002). "Bse Prions Propagate as Either Variant Cjd-Like or Sporadic Cjd-Like Prion Strains in Transgenic Mice Expressing Human Prion Protein." EMBO J **21**(23): 6358-6366.

Atarashi, Wilham, Christensen et al. (2008). "Simplified Ultrasensitive Prion Detection by Recombinant Prp Conversion with Shaking." Nat Methods **5**(3): 211-212.

Atarashi, Satoh, Sano et al. (2011). "Ultrasensitive Human Prion Detection in Cerebrospinal Fluid by Real-Time Quaking-Induced Conversion." Nat Med **17**(2): 175-178.

Bannach, Birkmann, Reinartz et al. (2012). "Detection of Prion Protein Particles in Blood Plasma of Scrapie Infected Sheep." PLoS ONE **7**(5): e36620.

Baron (2002). "Mouse Models of Prion Disease Transmission." Trends Mol Med **8**(10): 495-500.

Barria, Telling, Gambetti et al. (2011). "Generation of a New Form of Human Prp(Sc) in Vitro by Interspecies Transmission from Cervid Prions." J Biol Chem **286**(9): 7490-7495.

Baskakov (2004). "Autocatalytic Conversion of Recombinant Prion Proteins Displays a Species Barrier." J Biol Chem **279**(9): 7671-7677.

Baskakov, Disterer, Breydo et al. (2005). "The Presence of Valine at Residue 129 in Human Prion Protein Accelerates Amyloid Formation." FEBS Lett **579**(12): 2589-2596.

Belay, Maddox, Williams et al. (2004). "Chronic Wasting Disease and Potential Transmission to Humans." Emerg Infect Dis **10**(6): 977-984.

Bellinger-Kawahara, Cleaver, Diener et al. (1987). "Purified Scrapie Prions Resist Inactivation by Uv Irradiation." J Virol **61**(1): 159-166.

Bellinger-Kawahara, Diener, McKinley et al. (1987). "Purified Scrapie Prions Resist Inactivation by Procedures That Hydrolyze, Modify, or Shear Nucleic Acids." Virology **160**(1): 271-274.

Bendheim, Brown, Rudelli et al. (1992). "Nearly Ubiquitous Tissue Distribution of the Scrapie Agent Precursor Protein." Neurology **42**(1): 149-156.

Benestad, Arsac, Goldmann et al. (2008). "Atypical/Nor98 Scrapie: Properties of the Agent, Genetics, and Epidemiology." Vet Res **39**(4): 19.

Beringue, Vilotte and Laude (2008). "Prion Agent Diversity and Species Barrier." Vet Res **39**(4): 47.

Beringue, Herzog, Jaumain et al. (2012). "Facilitated Cross-Species Transmission of Prions in Extraneural Tissue." Science **335**(6067): 472-475.

Biancalana, Makabe, Koide et al. (2009). "Molecular Mechanism of Thioflavin-T Binding to the Surface of Beta-Rich Peptide Self-Assemblies." J Mol Biol **385**(4): 1052-1063.

Biancalana and Koide (2010). "Molecular Mechanism of Thioflavin-T Binding to Amyloid Fibrils." Biochim Biophys Acta **1804**(7): 1405-1412.

Bounhar, Zhang, Goodyer et al. (2001). "Prion Protein Protects Human Neurons against Bax-Mediated Apoptosis." J Biol Chem **276**(42): 39145-39149.

Brahms and Brahms (1980). "Determination of Protein Secondary Structure in Solution by Vacuum Ultraviolet Circular Dichroism." J Mol Biol **138**(2): 149-178.

Brookes and Demeler (2007). "Parsimonious Regularization Using Genetic Algorithms Applied to the Analysis of Analytical Ultracentrifugation Experiments." GECCO ACM Proceedings 978-1-59593-697-4/07/0007.

Brookes and Demeler (2010). "Performance Optimization of Large Non-Negatively Constrained Least Squares Problems with an Application in Biophysics." Proceedings of the 2010 TeraGrid Conference, ACM New York, NY, USA.

Brown (1992). "The Phenotypic Expression of Different Mutations in Transmissible Human Spongiform Encephalopathy." Rev Neurol (Paris) **148**(5): 317-327.

Brown, Schulz-Schaeffer, Schmidt et al. (1997). "Prion Protein-Deficient Cells Show Altered Response to Oxidative Stress Due to Decreased Sod-1 Activity." Exp Neurol **146**(1): 104-112.

Brown, Brandel, Sato et al. (2012). "Iatrogenic Creutzfeldt-Jakob Disease, Final Assessment." Emerg Infect Dis **18**(6): 901-907.

Bruce, Will, Ironside et al. (1997). "Transmissions to Mice Indicate That 'New Variant' Cjd Is Caused by the Bse Agent." Nature **389**(6650): 498-501.

Budka, Aguzzi, Brown et al. (1995). "Neuropathological Diagnostic Criteria for Creutzfeldt-Jakob Disease (Cjd) and Other Human Spongiform Encephalopathies (Prion Diseases)." Brain Pathol **5**(4): 459-466.

Budka (2007). Portrait of Creutzfeldt-Jakob Disease. Prions in Humans and Animals. B. Hörnlimann, D. Riesner and H. Kretzchmar, De Gruyter: 195-203.

Budka (2007). Portrait of Gerstmann-Sträussler-Scheinker Disease. Prions in Humans and Animals. B. Hörnlimann, D. Riesner and H. Kretzchmar, De Gruyter: 210-215.

Budka (2007). Portrait of Fatal Familial Insomnia and Sporadic Fatal Insomnia. Prions in Humans and Animals. B. Hörnlimann, D. Riesner and H. Kretzchmar, De Gruyter: 216-221.

Bueler, Aguzzi, Sailer et al. (1993). "Mice Devoid of Prp Are Resistant to Scrapie." Cell **73**(7): 1339-1347.

Cabrita, Dobson and Christodoulou (2010). "Protein Folding on the Ribosome." Curr Opin Struct Biol **20**(1): 33-45.

Caramelli, Ru, Acutis et al. (2006). "Prion Diseases: Current Understanding of Epidemiology and Pathogenesis, and Therapeutic Advances." CNS Drugs **20**(1): 15-28.

Casalone, Zanusso, Acutis et al. (2004). "Identification of a Second Bovine Amyloidotic Spongiform Encephalopathy: Molecular Similarities with Sporadic Creutzfeldt-Jakob Disease." Proc Natl Acad Sci U S A **101**(9): 3065-3070.

Castilla, Saa, Hetz et al. (2005). "In Vitro Generation of Infectious Scrapie Prions." Cell **121**(2): 195-206.

Castilla, Gonzalez-Romero, Saa et al. (2008). "Crossing the Species Barrier by Prp(Sc) Replication in Vitro Generates Unique Infectious Prions." Cell **134**(5): 757-768.

Chiti and Dobson (2006). "Protein Misfolding, Functional Amyloid, and Human Disease." Annu Rev Biochem **75**: 333-366.

Cobb, Sonnichsen, McHaourab et al. (2007). "Molecular Architecture of Human Prion Protein Amyloid: A Parallel, in-Register Beta-Structure." Proc Natl Acad Sci U S A **104**(48): 18946-18951.

Cohen, Pan, Huang et al. (1994). "Structural Clues to Prion Replication." Science **264**(5158): 530-531.

Colby, Giles, Legname et al. (2009). "Design and Construction of Diverse Mammalian Prion Strains." Proc Natl Acad Sci U S A **106**(48): 20417-20422.

Colby and Prusiner (2011). "De Novo Generation of Prion Strains." Nat Rev Microbiol **9**(11): 771-777.

Colling, Collinge and Jefferys (1996). "Hippocampal Slices from Prion Protein Null Mice: Disrupted Ca(2+)-Activated K+ Currents." Neurosci Lett **209**(1): 49-52.

Collinge, Sidle, Meads et al. (1996). "Molecular Analysis of Prion Strain Variation and the Aetiology of 'New Variant' Cjd." Nature **383**(6602): 685-690.

Collinge and Clarke (2007). "A General Model of Prion Strains and Their Pathogenicity." Science **318**(5852): 930-936.

Cuillé (1936). "La Tremblante Du Mouton Est Bien Inoculable." C.R. Acad. Sci. Paris **206**: 78-79.

Davies and Brown (2008). "The Chemistry of Copper Binding to Prp: Is There Sufficient Evidence to Elucidate a Role for Copper in Protein Function?" Biochem J **410**(2): 237-244.

Dawson, Hoinville, Hosie *et al.* (1998). "Guidance on the Use of Prp Genotyping as an Aid to the Control of Clinical Scrapie. Scrapie Information Group." Vet Rec **142**(23): 623-625.

DeMarco and Daggett (2004). "From Conversion to Aggregation: Protofibril Formation of the Prion Protein." Proc Natl Acad Sci U S A **101**(8): 2293-2298.

Demeler (2005). Ultrascan a Comprehensive Data Analysis Software Package for Analytical Ultracentrifugation Experiments. . Modern Analytical Ultracentrifugation: Techniques and Methods. D. J. Scott, Royal Society of Chemistry.

Demeler and Brookes (2008). "Monte Carlo Analysis of Sedimentation Experiments." Colloid Polym Sci **286**(2): 129-137.

Demuro, Mina, Kayed *et al.* (2005). "Calcium Dysregulation and Membrane Disruption as a Ubiquitous Neurotoxic Mechanism of Soluble Amyloid Oligomers." J Biol Chem **280**(17): 17294-17300.

Detwiler and Baylis (2003). "The Epidemiology of Scrapie." Rev Sci Tech **22**(1): 121-143.

Dickinson, Stamp and Renwick (1974). "Maternal and Lateral Transmission of Scrapie in Sheep." J Comp Pathol **84**(1): 19-25.

Dill and Chan (1997). "From Levinthal to Pathways to Funnels." Nat Struct Biol **4**(1): 10-19.

Diringer, Beekes and Oberdieck (1994). "The Nature of the Scrapie Agent: The Virus Theory." Ann N Y Acad Sci **724**: 246-258.

Dobson (2003). "Protein Folding and Misfolding." Nature **426**(6968): 884-890.

Donne, Viles, Groth *et al.* (1997). "Structure of the Recombinant Full-Length Hamster Prion Protein Prp(29-231): The N Terminus Is Highly Flexible." Proc Natl Acad Sci U S A **94**(25): 13452-13457.

Donnelly, Ghani, Ferguson *et al.* (1997). "Recent Trends in the Bse Epidemic." Nature **389**(6654): 903.

Ducrot, Arnold, de Koeijer *et al.* (2008). "Review on the Epidemiology and Dynamics of Bse Epidemics." Vet Res **39**(4): 15.

Durchschlag (1986). Specific Volumes of Biological Macromolecules and Some Other Molecules of Biological Interest. Thermodynamic Data for Biochemistry and Biotechnology. H.-J. Hinz, Springer Verlag, Berlin: 45-128.

Eigen (1996). "Prionics or the Kinetic Basis of Prion Diseases." Biophys Chem **63**(1): A1-18.

Eloit, Adjou, Coulpier *et al.* (2005). "Bse Agent Signatures in a Goat." Vet Rec **156**(16): 523-524.

Erni, Rossell, Kisielowski *et al.* (2009). "Atomic-Resolution Imaging with a Sub-50-Pm Electron Probe." Phys Rev Lett **102**(9): 096101.

Farquhar (1981). Kuru - Early Letters and Field Notes from the Collection Od D. Carlton Gajdusek. New York, Raven Press.

Figeys, McBroom and Moran (2001). "Mass Spectrometry for the Study of Protein-Protein Interactions." Methods **24**(3): 230-239.

Gajdusek, Gibbs and Alpers (1966). "Experimental Transmission of a Kuru-Like Syndrome to Chimpanzees." Nature **209**(5025): 794-796.

Gambetti (2003). Fatal Insomnia: Familial and Sporadic. Neurodegeneration: The Molecular Pathology of Dementia and Movement Disorders. D. Dickson, ISN Neuropath Basel: 326-332.

Gambetti, Kong, Zou *et al.* (2003). "Sporadic and Familial Cjd: Classification and Characterisation." Br Med Bull **66**: 213-239.

Gerstmann (1936). "Über Eine Eigenartige Hereditär-Familiäre Erkrankung Des Zentralnervensystems. Zugleich Ein Beitrag Zur Frage Des Vorzeitigen Lokalen Alterns." Zeitschrift für die gesamte Neurologie und Psychiatrie **154**: 736–762.

Ghetti (2003). Gerstmann-Sträussler-Scheinker Disease. Neurodegeneration: The Molecular Pathology of Dementia and Movement Disorders. D. Dickson, ISN Neuropath Basel: 318-325.

Gibbs, Gajdusek, Asher *et al.* (1968). "Creutzfeldt-Jakob Disease (Spongiform Encephalopathy): Transmission to the Chimpanzee." Science **161**(3839): 388-389.

Goldfarb, Petersen, Tabaton *et al.* (1992). "Fatal Familial Insomnia and Familial Creutzfeldt-Jakob Disease: Disease Phenotype Determined by a DNA Polymorphism." Science **258**(5083): 806-808.

Govaerts, Wille, Prusiner *et al.* (2004). "Evidence for Assembly of Prions with Left-Handed Beta-Helices into Trimers." Proc Natl Acad Sci U S A **101**(22): 8342-8347.

Green, Castilla, Seward *et al.* (2008). "Accelerated High Fidelity Prion Amplification within and across Prion Species Barriers." PLoS Pathog **4**(8): e1000139.

Hainfellner, Brantner-Inthaler, Cervenakova *et al.* (1995). "The Original Gerstmann-Straussler-Scheinker Family of Austria: Divergent Clinicopathological Phenotypes but Constant Prp Genotype." Brain Pathol **5**(3): 201-211.

Harris (1999). "Cellular Biology of Prion Diseases." Clin Microbiol Rev **12**(3): 429-444.

Harrison, Sharpe, Singh *et al.* (2007). "Amyloid Peptides and Proteins in Review." Rev Physiol Biochem Pharmacol **159**: 1-77.

Hauw, Sazdovitch, Laplanche et al. (2000). "Neuropathologic Variants of Sporadic Creutzfeldt-Jakob Disease and Codon 129 of Prp Gene." Neurology **54**(8): 1641-1646.

Heise (2008). "Solid-State Nmr Spectroscopy of Amyloid Proteins." Chembiochem **9**(2): 179-189.

Herms, Tings, Dunker et al. (2001). "Prion Protein Affects Ca2+-Activated K+ Currents in Cerebellar Purkinje Cells." Neurobiol Dis **8**(2): 324-330.

Herms (2007). Function of Cellular Prion Protein Prpc in Copper Homeostasis and Redox Signaling at the Synapse. Prions in Humans and Animals. B. Hörnlimann, D. Riesner and H. Kretzchmar, De Gruyter: 95-103.

Hill, Desbruslais, Joiner et al. (1997). "The Same Prion Strain Causes Vcjd and Bse." Nature **389**(6650): 448-450, 526.

Hill, Joiner, Linehan et al. (2000). "Species-Barrier-Independent Prion Replication in Apparently Resistant Species." Proc Natl Acad Sci U S A **97**(18): 10248-10253.

Hörnlimann (2007). Portrait of Bovine Spongiforme Encephalopathy in Cattle and Other Ungulates. Prions in Humans and Animals. B. Hörnlimann, D. Riesner and H. Kretzchmar, De Gruyter: 233-249.

Hörnlimann (2007). Portrait of Scrapie in Sheep an Goat. Prions in Humans and Animals. B. Hörnlimann, D. Riesner and H. Kretzchmar, De Gruyter: 222-232.

Houston, Foster, Chong et al. (2000). "Transmission of Bse by Blood Transfusion in Sheep." Lancet **356**(9234): 999-1000.

Hunter (1998). "Scrapie." Mol Biotechnol **9**(3): 225-234.

Imran and Mahmood (2011). "An Overview of Animal Prion Diseases." Virol J **8**: 493.

Jahn and Radford (2005). "The Yin and Yang of Protein Folding." FEBS J **272**(23): 5962-5970.

Jansen, Schafer, Birkmann et al. (2001). "Structural Intermediates in the Putative Pathway from the Cellular Prion Protein to the Pathogenic Form." Biol Chem **382**(4): 683-691.

Jarrett and Lansbury (1993). "Seeding "One-Dimensional Crystallization" of Amyloid: A Pathogenic Mechanism in Alzheimer's Disease and Scrapie?" Cell **73**(6): 1055-1058.

Jeffrey and Gonzalez (2004). "Pathology and Pathogenesis of Bovine Spongiform Encephalopathy and Scrapie." Curr Top Microbiol Immunol **284**: 65-97.

Johnson (2005). "Prion Diseases." Lancet Neurol **4**(10): 635-642.

Joly, Ribic, Langenberg et al. (2003). "Chronic Wasting Disease in Free-Ranging Wisconsin White-Tailed Deer." Emerg Infect Dis **9**(5): 599-601.

Jones, Peden, Wight et al. (2008). "Effects of Human Prpsc Type and Prnp Genotype in an in-Vitro Conversion Assay." Neuroreport **19**(18): 1783-1786.

Kahn, Dube, Bates *et al.* (2004). "Chronic Wasting Disease in Canada: Part 1." Can Vet J **45**(5): 397-404.
Kellings, Meyer, Mirenda *et al.* (1993). "Analysis of Nucleic Acids in Purified Scrapie Prion Preparations." Arch Virol Suppl **7**: 215-225.
Kellings, Prusiner and Riesner (1994). "Nucleic Acids in Prion Preparations: Unspecific Background or Essential Component?" Philos Trans R Soc Lond B Biol Sci **343**(1306): 425-430.
Kong, Huang, Zou *et al.* (2005). "Chronic Wasting Disease of Elk: Transmissibility to Humans Examined by Transgenic Mouse Models." J Neurosci **25**(35): 7944-7949.
Kovacs, Voigtlander, Gelpi *et al.* (2004). "Rationale for Diagnosing Human Prion Disease." World J Biol Psychiatry **5**(2): 83-91.
Krakauer, Pagel, Southwood *et al.* (1996). "Phylogenesis of Prion Protein." Nature **380**(6576): 675.
Kretzschmar, Prusiner, Stowring *et al.* (1986). "Scrapie Prion Proteins Are Synthesized in Neurons." Am J Pathol **122**(1): 1-5.
Kretzschmar (2007). Pathology and Genetics of Human Prion Disease. Prions in Humans and Animals. B. Hörnlimann, D. Riesner and H. Kretzchmar, De Gruyter: 287-314.
Lasmezas, Deslys, Demaimay *et al.* (1996). "Bse Transmission to Macaques." Nature **381**(6585): 743-744.
Leffers, Wille, Stohr *et al.* (2005). "Assembly of Natural and Recombinant Prion Protein into Fibrils." Biol Chem **386**(6): 569-580.
Legname, Baskakov, Nguyen *et al.* (2004). "Synthetic Mammalian Prions." Science **305**(5684): 673-676.
Lewis, Tattum, Jones *et al.* (2006). "Codon 129 Polymorphism of the Human Prion Protein Influences the Kinetics of Amyloid Formation." J Gen Virol **87**(Pt 8): 2443-2449.
Li, Coulthart, Balachandran *et al.* (2007). "Species Barriers for Chronic Wasting Disease by in Vitro Conversion of Prion Protein." Biochem Biophys Res Commun **364**(4): 796-800.
Liberski, Sikorska and Brown (2012). "Kuru: The First Prion Disease." Adv Exp Med Biol **724**: 143-153.
Lueis (2009). Präparation Und Biophysikalische Charakterisierung Von Humanem Rekombinantem Prion-Protein. Physikalische Biologie. Düsseldorf, Deutschland, Heinrich-Heine Universität Düsseldorf. **Diploma:** 95.
Lugaresi, Medori, Montagna *et al.* (1986). "Fatal Familial Insomnia and Dysautonomia with Selective Degeneration of Thalamic Nuclei." N Engl J Med **315**(16): 997-1003.
MacDiarmid (1996). "Scrapie: The Risk of Its Introduction and Effects on Trade." Aust Vet J **73**(5): 161-164.

Makarava, Kovacs, Bocharova *et al.* (2010). "Recombinant Prion Protein Induces a New Transmissible Prion Disease in Wild-Type Animals." Acta Neuropathol **119**(2): 177-187.
Marsh, Kincaid, Bessen *et al.* (2005). "Interspecies Transmission of Chronic Wasting Disease Prions to Squirrel Monkeys (Saimiri Sciureus)." J Virol **79**(21): 13794-13796.
Mawhinney, Pape, Forster *et al.* (2006). "Human Prion Disease and Relative Risk Associated with Chronic Wasting Disease." Emerg Infect Dis **12**(10): 1527-1535.
McKinley, Bolton and Prusiner (1983). "A Protease-Resistant Protein Is a Structural Component of the Scrapie Prion." Cell **35**(1): 57-62.
Mead, Whitfield, Poulter *et al.* (2008). "Genetic Susceptibility, Evolution and the Kuru Epidemic." Philos Trans R Soc Lond B Biol Sci **363**(1510): 3741-3746.
Medori, Tritschler, LeBlanc *et al.* (1992). "Fatal Familial Insomnia, a Prion Disease with a Mutation at Codon 178 of the Prion Protein Gene." N Engl J Med **326**(7): 444-449.
Mehlhorn, Groth, Stockel *et al.* (1996). "High-Level Expression and Characterization of a Purified 142-Residue Polypeptide of the Prion Protein." Biochemistry **35**(17): 5528-5537.
Miller, Williams, McCarty *et al.* (2000). "Epizootiology of Chronic Wasting Disease in Free-Ranging Cervids in Colorado and Wyoming." J Wildl Dis **36**(4): 676-690.
Miller and Williams (2003). "Prion Disease: Horizontal Prion Transmission in Mule Deer." Nature **425**(6953): 35-36.
Montagna, Cortelli, Avoni *et al.* (1998). "Clinical Features of Fatal Familial Insomnia: Phenotypic Variability in Relation to a Polymorphism at Codon 129 of the Prion Protein Gene." Brain Pathol **8**(3): 515-520.
Montagna, Gambetti, Cortelli *et al.* (2003). "Familial and Sporadic Fatal Insomnia." Lancet Neurol **2**(3): 167-176.
Moore, Vorberg and Priola (2005). "Species Barriers in Prion Diseases--Brief Review." Arch Virol Suppl(19): 187-202.
Nystrom, Mishra, Hornemann *et al.* (2012). "Multiple Substitutions of Methionine 129 in Human Prion Protein Reveal Its Importance in the Amyloid Fibrillation Pathway." J Biol Chem **287**(31): 25975-25984.
Ohgushi and Wada (1983). "'Molten-Globule State': A Compact Form of Globular Proteins with Mobile Side-Chains." FEBS Lett **164**(1): 21-24.
Pan, Baldwin, Nguyen *et al.* (1993). "Conversion of Alpha-Helices into Beta-Sheets Features in the Formation of the Scrapie Prion Proteins." Proc Natl Acad Sci U S A **90**(23): 10962-10966.
Panza, Stohr, Dumpitak *et al.* (2008). "Spontaneous and Bse-Prion-Seeded Amyloid Formation of Full Length Recombinant Bovine Prion Protein." Biochem Biophys Res Commun **373**(4): 493-497.

Panza (2009). Spontane Und Keiminduzierte Fibrillogenese Des Prion-Proteins Und Ihr Zusammenhang Mit Der Spezies- Barriere. Institute of Physical Biology. Düsseldorf, HHU Düsseldorf. **Dr. rer. nat.**

Panza, Luers, Stohr *et al.* (2010). "Molecular Interactions between Prions as Seeds and Recombinant Prion Proteins as Substrates Resemble the Biological Interspecies Barrier in Vitro." PLoS One **5**(12): e14283.

Parchi, Giese, Capellari *et al.* (1999). "Classification of Sporadic Creutzfeldt-Jakob Disease Based on Molecular and Phenotypic Analysis of 300 Subjects." Ann Neurol **46**(2): 224-233.

Peden, Head, Ritchie *et al.* (2004). "Preclinical Vcjd after Blood Transfusion in a Prnp Codon 129 Heterozygous Patient." Lancet **364**(9433): 527-529.

Peden and Ironside (2012). "Molecular Pathology in Neurodegenerative Diseases." Curr Drug Targets **13**(12): 1548-1559.

Peden, McGuire, Appleford *et al.* (2012). "Sensitive and Specific Detection of Sporadic Creutzfeldt-Jakob Disease Brain Prion Protein Using Real-Time Quaking-Induced Conversion." J Gen Virol **93**(Pt 2): 438-449.

Post, Pitschke, Schafer *et al.* (1998). "Rapid Acquisition of Beta-Sheet Structure in the Prion Protein Prior to Multimer Formation." Biol Chem **379**(11): 1307-1317.

Prusiner, Groth, McKinley *et al.* (1981). "Thiocyanate and Hydroxyl Ions Inactivate the Scrapie Agent." Proc Natl Acad Sci U S A **78**(7): 4606-4610.

Prusiner (1982). "Novel Proteinaceous Infectious Particles Cause Scrapie." Science **216**(4542): 136-144.

Prusiner, Gajdusek and Alpers (1982). "Kuru with Incubation Periods Exceeding Two Decades." Ann Neurol **12**(1): 1-9.

Prusiner, McKinley, Bowman *et al.* (1983). "Scrapie Prions Aggregate to Form Amyloid-Like Birefringent Rods." Cell **35**(2 Pt 1): 349-358.

Puchtler and Sweat (1965). "Congo Red as a Stain for Fluorescence Microscopy of Amyloid." J Histochem Cytochem **13**(8): 693-694.

Riek, Hornemann, Wider *et al.* (1996). "Nmr Structure of the Mouse Prion Protein Domain Prp(121-231)." Nature **382**(6587): 180-182.

Riesner, Kellings, Wiese *et al.* (1993). "Prions and Nucleic Acids: Search for "Residual" Nucleic Acids and Screening for Mutations in the Prp-Gene." Dev Biol Stand **80**: 173-181.

Riesner, Kellings, Post *et al.* (1996). "Disruption of Prion Rods Generates 10-Nm Spherical Particles Having High Alpha-Helical Content and Lacking Scrapie Infectivity." J Virol **70**(3): 1714-1722.

Riesner (2007). The Scrapie Isoform of the Prion Protein Prpsc Compared to the Cellular Isoform Prpc. Prions in Humans and Animals. B. Hörnlimann, D. Riesner and H. Kretzchmar, De Gruyter: 104-118.

Ross and Poirier (2004). "Protein Aggregation and Neurodegenerative Disease." Nat Med **10 Suppl**: S10-17.

Rusconi, Pinel, Dehaene *et al.* (2010). "The Enigma of Gerstmann's Syndrome Revisited: A Telling Tale of the Vicissitudes of Neuropsychology." Brain **133**(Pt 2): 320-332.

Saborio, Permanne and Soto (2001). "Sensitive Detection of Pathological Prion Protein by Cyclic Amplification of Protein Misfolding." Nature **411**(6839): 810-813.

Safar, Roller, Gajdusek *et al.* (1993). "Conformational Transitions, Dissociation, and Unfolding of Scrapie Amyloid (Prion) Protein." J Biol Chem **268**(27): 20276-20284.

Safar, Wille, Itri *et al.* (1998). "Eight Prion Strains Have Prp(Sc) Molecules with Different Conformations." Nat Med **4**(10): 1157-1165.

Safar, Kellings, Serban *et al.* (2005). "Search for a Prion-Specific Nucleic Acid." J Virol **79**(16): 10796-10806.

Sandberg, Al-Doujaily, Sigurdson *et al.* (2010). "Chronic Wasting Disease Prions Are Not Transmissible to Transgenic Mice Overexpressing Human Prion Protein." J Gen Virol **91**(Pt 10): 2651-2657.

Schätzl (2007). The Phylogeny of Mammalian and Nonmammalian Prion Proteins. Prions in Humans and Animals. B. Hörnlimann, D. Riesner and H. Kretzchmar, De Gruyter: 119-133.

Schulz-Schaeffer, Giese, Windl *et al.* (1996). "Polymorphism at Codon 129 of the Prion Protein Gene Determines Cerebellar Pathology in Creutzfeldt-Jakob Disease." Clin Neuropathol **15**(6): 353-357.

Scott, Will, Ironside *et al.* (1999). "Compelling Transgenetic Evidence for Transmission of Bovine Spongiform Encephalopathy Prions to Humans." Proc Natl Acad Sci U S A **96**(26): 15137-15142.

Sikorska, Knight, Ironside *et al.* (2012). "Creutzfeldt-Jakob Disease." Adv Exp Med Biol **724**: 76-90.

Sipe and Cohen (2000). "Review: History of the Amyloid Fibril." J Struct Biol **130**(2-3): 88-98.

Smith and Bradley (2003). "Bovine Spongiform Encephalopathy (Bse) and Its Epidemiology." Br Med Bull **66**: 185-198.

Sohn, Kim, Choi *et al.* (2002). "A Case of Chronic Wasting Disease in an Elk Imported to Korea from Canada." J Vet Med Sci **64**(9): 855-858.

Soto and Estrada (2008). "Protein Misfolding and Neurodegeneration." Arch Neurol **65**(2): 184-189.

Spraker, Miller, Williams *et al.* (1997). "Spongiform Encephalopathy in Free-Ranging Mule Deer (Odocoileus Hemionus), White-Tailed Deer (Odocoileus Virginianus) and Rocky Mountain Elk (Cervus Elaphus Nelsoni) in Northcentral Colorado." J Wildl Dis **33**(1): 1-6.

Stohr, Weinmann, Wille *et al.* (2008). "Mechanisms of Prion Protein Assembly into Amyloid." Proc Natl Acad Sci U S A **105**(7): 2409-2414.

Stöhr (2007). Biophysikalische Charakterisierung Des VorläUfer- Und Endzustandes Von Fibrillen Aus Rekombinanten Und NatüRlichen Prion-

Proteinen. Institute of Physical Biology. Düsseldorf, HHU Düsseldorf. **Dr. rer. nat**.

Supattapone (2010). "Biochemistry. What Makes a Prion Infectious?" Science **327**(5969): 1091-1092.

Tamguney, Giles, Bouzamondo-Bernstein et al. (2006). "Transmission of Elk and Deer Prions to Transgenic Mice." J Virol **80**(18): 9104-9114.

Tamguney, Miller, Wolfe et al. (2009). "Asymptomatic Deer Excrete Infectious Prions in Faeces." Nature **461**(7263): 529-532.

Tamguney, Richt, Hamir et al. (2012). "Salivary Prions in Sheep and Deer." Prion **6**(1): 52-61.

Tateishi, Sato, Nagara et al. (1984). "Experimental Transmission of Human Subacute Spongiform Encephalopathy to Small Rodents. Iv. Positive Transmission from a Typical Case of Gerstmann-Straussler-Scheinker's Disease." Acta Neuropathol **64**(1): 85-88.

Tateishi, Brown, Kitamoto et al. (1995). "First Experimental Transmission of Fatal Familial Insomnia." Nature **376**(6539): 434-435.

Taylor and Hooper (2006). "The Prion Protein and Lipid Rafts." Mol Membr Biol **23**(1): 89-99.

Tyrrell (1994). Transmissible Spongiform Encephalopathies - a Summary of Present Knowledge and Research, HMSO.

Ulvund (2007). Clinical Findings in Scrapie. Prions in Humans and Animals. B. Hörnlimann, D. Riesner and H. Kretzchmar, De Gruyter: 398-407.

van Keulen, Langeveld, Garssen et al. (2000). "Diagnosis of Bovine Spongiform Encephalopathy: A Review." Vet Q **22**(4): 197-200.

van Keulen, Vromans and van Zijderveld (2002). "Early and Late Pathogenesis of Natural Scrapie Infection in Sheep." APMIS **110**(1): 23-32.

Vassar (1959). "Thioflavin T Stain for Amyloids." Arch Path **68**:487.

Wang, Wang, Yuan et al. (2010). "Generating a Prion with Bacterially Expressed Recombinant Prion Protein." Science **327**(5969): 1132-1135.

Wells, Scott, Johnson et al. (1987). "A Novel Progressive Spongiform Encephalopathy in Cattle." Vet Rec **121**(18): 419-420.

Wells, Hawkins, Green et al. (1998). "Preliminary Observations on the Pathogenesis of Experimental Bovine Spongiform Encephalopathy (Bse): An Update." Vet Rec **142**(5): 103-106.

Wilesmith, Wells, Cranwell et al. (1988). "Bovine Spongiform Encephalopathy: Epidemiological Studies." Vet Rec **123**(25): 638-644.

Wilham, Orru, Bessen et al. (2010). "Rapid End-Point Quantitation of Prion Seeding Activity with Sensitivity Comparable to Bioassays." PLoS Pathog **6**(12): e1001217.

Will, Alperovitch, Poser et al. (1998). "Descriptive Epidemiology of Creutzfeldt-Jakob Disease in Six European Countries, 1993-1995. Eu Collaborative Study Group for Cjd." Ann Neurol **43**(6): 763-767.

Will, Zeidler, Stewart et al. (2000). "Diagnosis of New Variant Creutzfeldt-Jakob Disease." Ann Neurol **47**(5): 575-582.

Will (2003). "Acquired Prion Disease: Iatrogenic Cjd, Variant Cjd, Kuru." Br Med Bull **66**: 255-265.

Williams and Young (1980). "Chronic Wasting Disease of Captive Mule Deer: A Spongiform Encephalopathy." J Wildl Dis **16**(1): 89-98.

Williams and Miller (2002). "Chronic Wasting Disease in Deer and Elk in North America." Rev Sci Tech **21**(2): 305-316.

Williams (2005). "Chronic Wasting Disease." Vet Pathol **42**(5): 530-549.

Williams (2007). Portrait of Chronic Wasting Disease in Deer Species. Prions in Humans and Animals. B. Hörnlimann, D. Riesner and H. Kretzchmar, De Gruyter: 257-264.

Wilson, Plinston, Hunter *et al.* (2012). "Chronic Wasting Disease and Atypical Forms of Bovine Spongiform Encephalopathy and Scrapie Are Not Transmissible to Mice Expressing Wild-Type Levels of Human Prion Protein." J Gen Virol **93**(Pt 7): 1624-1629.

Wineland, Detwiler and Salman (1998). "Epidemiologic Analysis of Reported Scrapie in Sheep in the United States: 1,117 Cases (1947-1992)." J Am Vet Med Assoc **212**(5): 713-718.

Winklhofer, Tatzelt and Haass (2008). "The Two Faces of Protein Misfolding: Gain- and Loss-of-Function in Neurodegenerative Diseases." EMBO J **27**(2): 336-349.

Wolynes, Onuchic and Thirumalai (1995). "Navigating the Folding Routes." Science **267**(5204): 1619-1620.

Wopfner, Weidenhofer, Schneider *et al.* (1999). "Analysis of 27 Mammalian and 9 Avian Prps Reveals High Conservation of Flexible Regions of the Prion Protein." J Mol Biol **289**(5): 1163-1178.

Xia, Xu, Xu *et al.* (2009). "[Analysis for Clinical and Genetic Characteristics of a Sporadic Ffi Case]." Zhonghua Shi Yan He Lin Chuang Bing Du Xue Za Zhi **23**(2): 124-126.

Zahn, Liu, Luhrs *et al.* (2000). "Nmr Solution Structure of the Human Prion Protein." Proc Natl Acad Sci U S A **97**(1): 145-150.

Zerr, Pocchiari, Collins *et al.* (2000). "Analysis of Eeg and Csf 14-3-3 Proteins as Aids to the Diagnosis of Creutzfeldt-Jakob Disease." Neurology **55**(6): 811-815.

Zhao, De Felice, Fernandez *et al.* (2008). "Amyloid Beta Oligomers Induce Impairment of Neuronal Insulin Receptors." FASEB J **22**(1): 246-260.

i want morebooks!

Buy your books fast and straightforward online - at one of world's fastest growing online book stores! Environmentally sound due to Print-on-Demand technologies.

Buy your books online at
www.get-morebooks.com

Kaufen Sie Ihre Bücher schnell und unkompliziert online – auf einer der am schnellsten wachsenden Buchhandelsplattformen weltweit! Dank Print-On-Demand umwelt- und ressourcenschonend produziert.

Bücher schneller online kaufen
www.morebooks.de

VDM Verlagsservicegesellschaft mbH
Heinrich-Böcking-Str. 6-8   Telefon: +49 681 3720 174   info@vdm-vsg.de
D - 66121 Saarbrücken   Telefax: +49 681 3720 1749   www.vdm-vsg.de

Printed by Books on Demand GmbH, Norderstedt / Germany